新オリーブオイルの すべてがわかる本

奥田佳奈子

筑摩書房

新オリーブオイルのすべてがわかる本

もくじ

3 基本のレシピ 作りながら覚えるオリーブオイルの使いこなし

4 世界のオリーブオイル

もっとオリーブオイルについて知りたい人のために

5 オリーブオイルの歴史

6 オリーブオイルの春夏秋冬

7 オリーブオイルのことば

8 オリーブオイルと健康

9 オリーブオイルのテイスティングをしましょう

本書で紹介した料理レシピのもくじ

新オリーブオイルのすべてがわかる本

まえがき

オリーブオイルのボトルを開けると、キッチンにはたちまち、山や森の草木、湿った落ち葉、キノコやかぐわしい花のにおいが立ちのぼります。物語と神話にいろどられた長い歴史、手仕事で磨き上げられた風味、作り手たちのこだわり、ヘルシーさ、どれひとつとってもオリーブオイルには魅力がいっぱい。

あなたのキッチンでオリーブオイルは活躍していますか。

このディクショナリは、オリーブオイルをもっともっと楽しんでいただくためのヒントをまとめました。

たとえば、オリーブオイルをパスタとサラダにしか使ったことのないというあなたには、レパートリーを広げるヒントを。おいしいオリーブオイルを手に入れたいという人には、選び方、探し方を。和食党で、オリーブオイルをどう使えばよいかわからないという人には、和の食材との上手な合わせ方を。

もっとオリーブオイルのことを知りたい人のためには、オリーブの歴史や物語を。健康に気を配っている人には、オリーブオイルがなぜヘルシーだといわれるのか、その理由を。

また、産地や収穫時期などによって個性が少しずつ違うオリーブオイルは、ワインのようにテイスティングをして品質をチェックします。簡単なテイスティング方法を解説しました。

オリーブオイルをもっとおいしく、楽しく使うために、この本がお役に立ちますように。

『オリーブオイルのすべてがわかる本』をお読みいただいた方、この本はその改訂版です。前作を出版してから、だいぶ時間がたちました。その間、本は何度か増刷され、いくつかの図書館に配架され、中国語にも翻訳されました。そうこうする間、気がつくと、オリーブオイルの等級の規定が変わり、オリーブオイル鑑定士が使うテイスティングシートも新しくなるなど、たくさんの変化がオリーブの世界にもありました。そこで、データを一新したのがこの本です。もちろん6000年とも１万年とも言われる長い歴史にあって、たかだか十数年はわずかな長さ。ですので、本の全体の構成はそれほど変わっていません。

この間にわたくしが経験したことの中から、新しいトピックスも少し加えました。楽しかったのは、2003年にひとりでイタリアのリグーリアに行き、スイスやドイツ、南アフリカから参加した人たちとオリーブオイル鑑定士の資格を取得したこと。トルコで開かれたオリーブオイルコンテストに参加してまだ輸出量の少なかったギリシャのオイルが１位になるのを見ました。2016年には改めてイタリアのマルケで鑑定のための官能能力試験に合格しました。そこで自然と共存を目指す若いオリーブ生産者たちと友人になりました。

私にとって、オリーブオイルはあわただしい毎日に新鮮な緑の風を運んでくれるもの。そんな自然の恵みをあなたとシェアできることを願っています。

この本は、
こんなふうにできています

■この本は大きく２つに分かれています。

■前半は使い方のハウツーをまとめました。オリーブオイルの買い方、保存の方法、種類と使い分け、産地別の特徴など、これだけ知っていればオリーブオイルを楽しく使えます。

■レシピもご紹介しています。オリーブオイルの定番料理から、味噌、醤油、ゴマ油など、おなじみの日本の味との組み合わせまで。とくに和の食材との相性の良さはぜひお試しください。作っていくうちに、ひと通り使い方をマスターできます。

■オリーブオイル発祥の地トルコのレシピやシェフや料理研究家のレシピもいただきました。

■後半はオリーブオイルをもっと詳しく知りたい人のために書きました。オリーブの歴史、オリーブの木のこと、オイルの作り方、なぜ健康的だと言われるのか、よく使われる用語についても解説しています。

■オリーブの産地では新しいオイルができる頃になると、さかんにオイルテイスティングが行われます。テイスティングに使われる標準的なシートをつけました。拡大コピーして、そのままお使いください。

■巻末に輸入業者リストがついています。

■もちろんどこからでもお読みください。キッチンの片隅かどこかに置いて、知りたいことが出てきたらパラパラと読んでいただけたら、うれしいです。

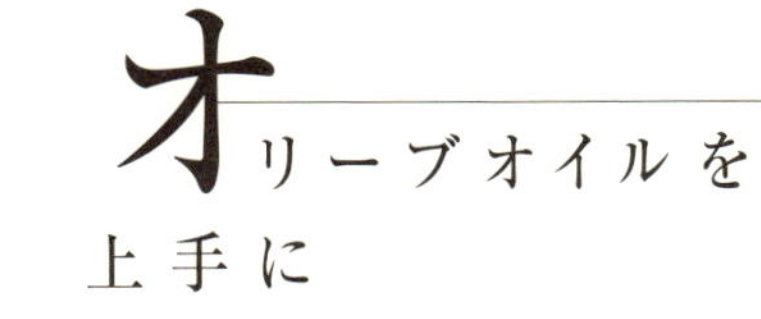

オリーブオイルを上手に使いこなすために

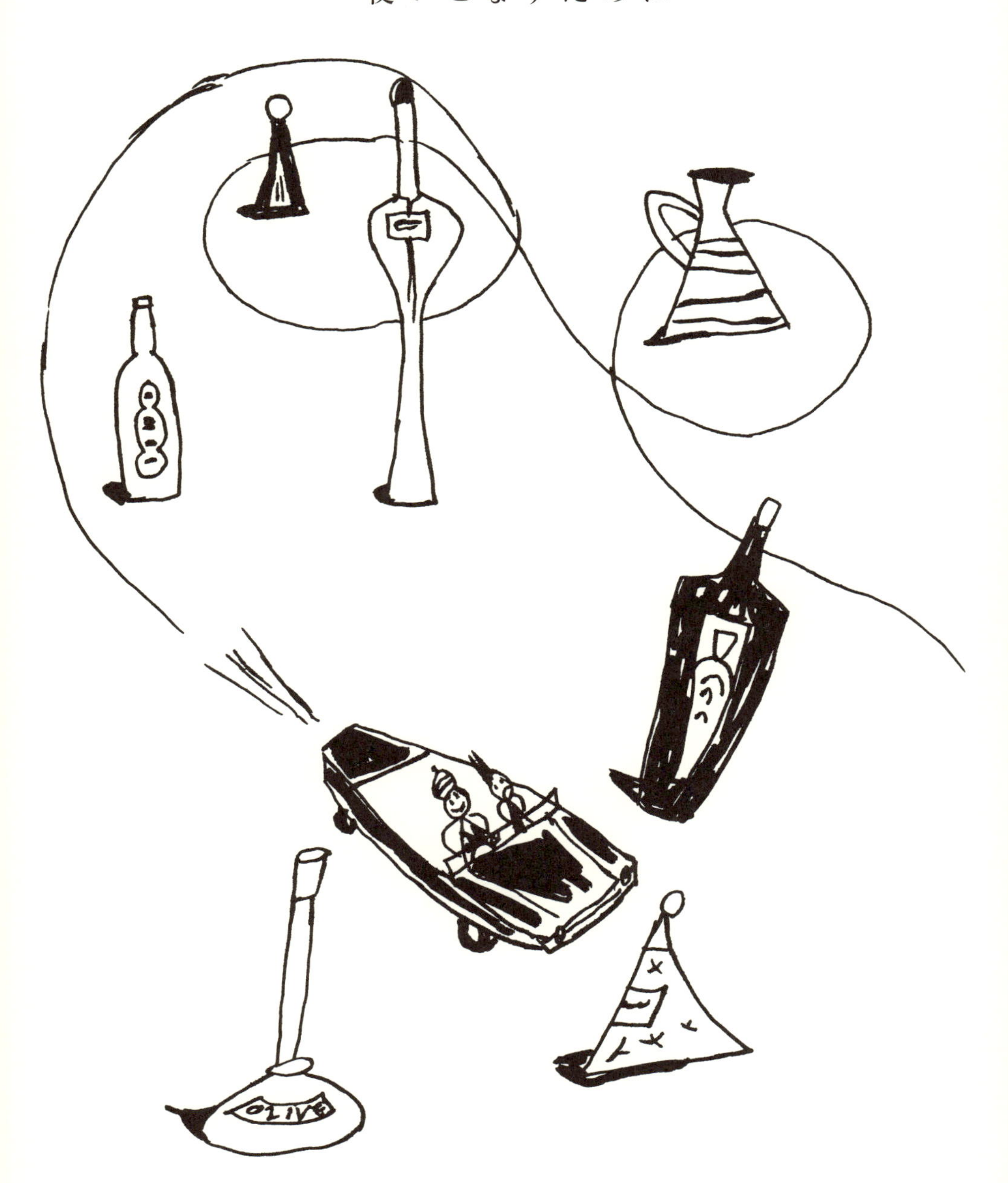

第1章

はじめに

1 オリーブオイルは フルーツを搾った オイリーなフレッシュジュースです

ヘルシーで香り高く、チャーミングな個性いっぱいのオリーブオイル。その魅力のすべては、フルーツから搾られたフレッシュなオイルだということから生まれます。

晩秋から冬にかけて、イタリアやスペインに出かけることがあれば、ぜひオリーブ畑をたずねてみてください。天気の良い日なら、鈴なりのオリーブの実が、太陽の光を受けてぴかぴか輝いているのを見ることができるでしょう。実の中にもうオイルがいっぱいできていて、そっとつまむだけで、たちまち滲み出してくるほど。

そんなふうですから、オリーブオイルを作るのはとても簡単。果実を搾ってジュースを作り、そのジュースをしばらく置いておけば、油分は上に、水分は下にごく自然に分かれます。上澄みだけを集めれば、それがオリーブオイル*。余分な加工をする必要がないので、ビタミンなど、果実に含まれていた天然成分がそのまま含まれています。果実を搾るだけでオイルになるのはオリーブだけ。つまりオリーブオイルはフレッシュジュースなのです。新鮮なオイルは、緑の草やトマトのような青々した香り、湿った森の土の香りなどを持っています。大地のミネラルが、木の根から枝の先へ、そしてオリーブの実にたくわえられ、オイルの中に溶け込んでいるからです。オリーブオイルを食卓にのせることは、自然のエッセンスを食卓にのせること。自然の恵みをいただいて食事することの幸せを、楽しむことができます。

＊ 設備の整った工場でも、オリーブオイルを搾って採れる油の量は果実10kgで１ℓとも、５kgで１ℓとも言われます。この作り方は家庭でもトライできますが、量の少なさにがっかりしてしまうかもしれません。家庭では、塩漬けにする方が簡単に楽しめます。

2 オリーブオイルは とってもヘルシー

食用油の中でもっとも酸化しにくく安定したものをあげるとしたら、それは迷わずオリーブオイル。

1958年、アメリカの生理学者キーズ博士が7カ国の研究者たちと心臓病と食生活の大規模な調査に着手しました。調査されたそれ以降の10年間は、ちょうど冷蔵庫が普及し、ハンバーガーやコーラが世界中に進出し、現在に続く食の傾向が出そろった時期で、調査はたいへん意義のあるものでした。

その結果、地中海沿岸の食生活が心臓病のリスクが少ないことがわかり、オリーブオイルをたっぷり使い、野菜や穀類、魚介を中心に肉は少なめという食事が、がぜん注目されるようになりました（→189ページ）。

1970年代になって、結果が発表されると、世界中の研究者がこぞってキーズ博士の結論を熱心に証明しようとしました。オリーブオイルが悪玉コレステロールを減らし、脂質の酸化を防いでくれることもよく知られるようになりました。アメリカの厚生省は地中海式食生活をお手本に、望ましい食事の仕方を啓蒙しています。

もともとオリーブオイルは健康的なオイルとしてたいせつに扱われてきました。聖書や古い言い伝えの中に繰り返し語られるその効能。さまざまな民間療法。そこに新しい研究成果がもたらされ、作り手たちは、高品質のオリーブオイルを作るには何が大事なのかを学び、栽培や収穫方法、採油、瓶詰、保存方法など、すべてを見直しました。果実に傷をつけずに収穫する、時間をおかずに搾る、熱を加えない、細かい配慮がどれだけたいせつか知るようになりました。オリーブオイルはしだいに洗練をきわめ、ますますおいしくヘルシーになりました。

タイミングを合わせたように、ニューヨークやロンドンでも地中海料理がブレイク。東京では和食の料理人たちまでオリーブオイルのメニューを工夫するようになり、2013年までの20年間に日本の輸入量は10倍になりました。

3 日本で売られているオリーブオイルは3つの等級に分類されます

オリーブオイルは製法と品質によって等級に分類されます（→148ページ）。生産国ではもっと細かい等級に分類されますが、そのうち日本に輸入できるのは次の３つの等級に限られます。ランクの高い順にエキストラバージンオリーブオイル、オリーブオイル（ピュアオリーブオイル）、オリーブポマースオイルです。ラベルのどこかに印刷されていますから、買うときにはチェックしてください。

エキストラバージンオリーブオイル

オリーブの果実を搾っただけで、その他いっさいの化学的加工をしていないものがバージンオリーブオイル。まさにフレッシュジュースです。最初に搾られるので一番搾りともいいます。バージンオイルのうちもっとも酸度が低く、果実の香りや味わいを持ち、欠点のないものをエキストラと分類します。価格は幅がありますが、500mlで数千円などというものまであります。

オリーブオイル（ピュアオリーブオイル）

精製オイルにバージンオイルを混ぜたもの。オリーブオイルは加工を施さない“バージン”の状態を尊びますが、酸味があるとか、匂いがよくないなど、そのままでは食用にできないものは精製して問題を取り除きます。脱色、脱酸、脱臭などの一連の精製加工、すなわち化学的加工を施すことにより、オイルは問題となった性質をクリアーし、無味無臭となります。これを食用オリーブオイルとして使うには、もう一度バージンオイルを足して、オリーブらしい風味を取り戻してから製品化しようというのが、オリーブオイル作りのポリシーです。そしてこれが、一般的にオリーブオイル（またはピュアオリーブオイル）と呼ばれるものです。バージンオイルより安価ですが、オリーブ100％の純粋なオリーブオイルです。

オリーブポマースオイル（二番搾り、残渣オイル）

一番搾りを搾った残り滓をサンサまたはポマースといいます。砕いた果肉や種などのペーストです。このポマースにも油分が残っているので、溶剤を使ってオイルを取り出します。この溶剤抽出の方法は、種子油の一般的な製法と同じです。種からは食用に不向きな成分も一緒に抽出されてしまうので、精製をかけてそれらを取り除きます。そうしてできあがった無味無臭のオイルに風味づけにバージンオイルを足したものが「オリーブポマースオイル」です。このオイルは「オリーブオイル」ではなく、必ず「オリーブポマースオイル」と明示して販売しなければなりません。ピュアオイルよりさらに安価です。少量ですが日本にも輸入されています。

4 ラベルはオイルの自己紹介です

オイルを買うときには、ラベルや説明書をしっかり読みましょう。どんなオイルなのか、詳しく説明されています。ラベルのデザインにはオイルの個性やメーカーの目指している方向性なども反映されていることもあります。たとえば、マイルドなオイルには風景を描いたやさしいデザインのラベルを、すっきりした辛口のオイルにはクールで現代的なデザインのラベルを、わざわざデザインさせているメーカーもあります。製造年月日や賞味期限もしっかりチェックします。最小限のことだけしか書かれていないラベルもあれば、さまざまなセールスポイントが付け加えられているラベルもあります。

ラベルの読み方

■表面（原産国で貼られた生産者のラベル）

① メーカー名：マンゼッラ・エ・イアネッロ
② メーカーの肩書き：有機農法農園
③ 原産地：シチリアのヴェンデンミア
④ 商品名：ビアンコリッラ／この場合は単一品種で栽培されているため、オリーブの品種名がそのまま商品名になっている
⑤ オイルの等級：エキストラバージンオリーブオイル
⑥ 商品の特徴：有機栽培
⑦ シチリアの有機栽培管理委員会のマーク：CSAB（Coordianamento Siciliano Agricoltura Biologica）
⑧ EUのイタリア原産認定マーク
⑨ 保存方法：冷暗所に日光と高温を避けて保存するように注意書きがある
⑩ 生産国：イタリア／最終的に製品化した国が原産国

■表面

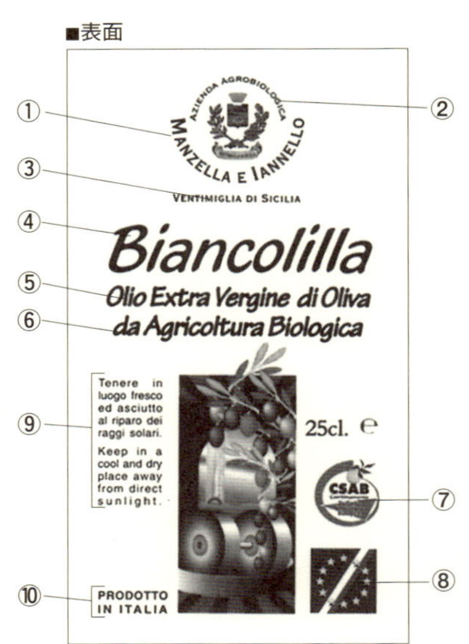

■裏面（輸入業者による製品情報）

⑪ 商品名および等級

⑫ 商品説明：「酸度の低い高品質のオイルは、最新設備の工場で低温圧搾で作られます」

⑬ 生産者と瓶詰業者：この場合は同一でMA.IA。生産と瓶詰が同じ企業なら、工程管理が厳密になり一般的には品質の高さが期待できる。最終的なメーカーとなるのは瓶詰業者

⑭ メーカー所在地と連絡先電話番号

⑮ 輸入業者：インターナショナル・コーポレーション

⑯ 有機栽培認証機関名：この場合はさらに別の認証機関 CODEX（Organismo di controllo autorizzato con D. M.）の認定つき

⑰ 有機認証登録番号

⑱ 賞味期限：2016年12月／賞味期限はメーカーの裁量で設定される。瓶詰もしくは収穫時からおよそ18カ月～24カ月とするのが一般的

生産者が貼るラベルのほかに、日本の輸入業者がシールを貼ります。これは国内の表示義務を満たすため。外国で製品化されて、ボトルで輸入されたものには、生産者と輸入業者の２枚のラベルが貼られているか、生産者のラベルを日本語に訳し直したラベルが貼られています。

品名：食用オリーブ油
原材料名：食用オリーブ油
原産国：イタリア
内容量：500ml
賞味期限：○○年○○月○○日
輸入業者および販売業者：○○株式会社

日本語の簡単なラベルしか貼られていなかったら、日本の製油メーカーが原料として輸入し、日本で瓶詰していることを示しています。日本にはオイルの成分について細かい表示義務がないので、簡単な表記でよいのです。

5 オリーブオイルは、どこで買う？

あるときテーブルを囲んでいた友達が「最近おいしいオリーブオイル探しにはまって大変なのよね」と困ったような、それでいてなんだかうれしそうな口ぶりで言いました。そうなのです。産地や収穫時期、木の品種によっておいしさが違うし、いったんそのことに気づくと、どうしてもいろいろ試したくなってくるからです。極上品でも、頑張れば奮発できない価格ではないし、ワインを１本空けることを思えば、オリーブオイルは何と安上がりなことでしょう。１本手に入れれば、その後何週間かは優雅でリッチな食卓を楽しめるちょっとした贅沢です。

オリーブオイルの魅力を知ると、たまたま通りかかった食料品店などでも、あなたの目はオリーブオイルの棚に引き付けられるようになるでしょう。わざわざ探しに行かなくても、向こうからおいしいオリーブオイルがあなたのところにやってくるし、情報も自然と集まってくるものです。

とは言え、店によってオリーブオイルの品揃えには少々、特徴があるようです。お買い物に行くときはだいたいの目星をつけていくと、スムーズです。ご参考までに、おおまかな目安を……。

近所のスーパーマーケット・食料品店

日本でよく売れているのは“味の素”のオリーブオイルと、日清オイリオが作る“ボスコ”です。この２つはどこの食料品店にも並んでいるのではないでしょうか。“味の素”はスペインの契約農家から、日清オイリオはイタリアからオイルを買い付け、樽（バルク）で輸入して日本で瓶詰しています。一概には言えませんが、味の素のエキストラバージンはバランスの良いマイルドさを目ざし、ボスコは青々とした苦みや辛みをその特長としてうたっています。販売経路もしっかりしているし、料理の小冊子がついているなど親切です。

オリーブオイルがわたしたちの食生活に定着するにつれ、こうした大手のラインナップは２つの方向でバラエティーを広げています。ひとつはオリーブオイルの独特の風味を活かした、よりスパイシーでフルーティーなエキストラバージンオイル。価格は比較的高め。もうひとつはどんな料理にも使えるように、むしろオリーブオイルらしさを強調しないタイプ。こちらはいわゆるピュアオリーブオイル。精製オリーブオイルの配合率が高く、価格も抑えめで、500ml入り、１ℓ入りと大きなボトルで売られます。汎用オリーブオイルと名乗っている場合もあります。

大手チェーンストアのオリジナルブランド

全国展開の大きなチェーンストアでは、独自にオリーブオイルを輸入したり、大手製油メーカーに発注してオリジナルブランドを販売しているところもあります。効率よく自社チェーンで販売できるので、他の市販品よりも割安。風味は万人向きのマイルドなものが中心です。

デパートの高級食料品コーナーやファンシーショップ

デパートの中には食材の品揃えにたいへん力を入れているところがあり、イタリアやスペインの食料品店でもめったにお目にかかれないような、何千円もする高級オリーブオイルをしばしば扱っています。

こういうオリーブオイルがずらりと並んでいるところは圧巻で、何事も極めずにはおかない日本ならではの光景。これらは輸入商社が、個性的なもの、プレステージの高いものを探して輸入しているものです。輸入量が少ないため運賃や倉庫代が割高になりがちですが、自分で渡航費をかけて買ってくると思えば納得できます。

もし小さいボトルが売られていたら、まずそちらを買ってみるのがおすすめ。小瓶なら1000円台で手に入れられるものも多いです。それが本当にすばらしいオイルで、コストパフォーマンス的にも満足がいくと思えば、今度は大きなボトルでお求めください。大瓶になると１本数千円もしますが、長く楽しめます。

容器が可愛かったり、何やら由緒正しそうなラベルの高いオイルはつい手に取ってしげしげ眺めたくなります。ねらいめは、産地では有名なのに、日本では知名度が高くなく、お手頃な価格設定になっているもの。それと商品の回転がよいものは人気のある証拠です。

独自に輸入ルートをもつ小売店

小売店の中には、独自にルートを開拓して、食材を輸入しているところもあります。コーヒーや紅茶などと並んで、オリーブオイルも並んでいます。酒屋さんの中にもワインを仕入れるついでにオリーブオイルを仕入れているところがあります。店主が自ら輸入している場合は、製品へのこだわりを聞くのも楽しいです。通信販売を受け付けているところもあります。

業務用オイル

レストランなど業者向けのオイルの中には、原産国では一般小売もされていて、品質がよく、価格がリーズナブルなものがいろいろあります。パンと一緒にオリーブオイルの小皿を出してくれたら、その銘柄を尋ねてみましょう。よいオイルを扱っているレストランはそのこと自体に誇りを持っていますから、快く教えてくれるかもしれません。

銘柄や輸入業者がわかったら、小売が可能かどうか問い合わせてみましょう。１本からでも売ってくれるところもあれば、６本、12本とケースでまとめ買いすれば売ってくれるところもあります。1ℓ、3ℓなど大きな徳用缶で販売されている場合もあります。名前がわかればインターネットで調べてもいいですね。

インターネット通販

「オリーブオイル」を検索すると、大小さまざまな輸入業者が出てきます。サイトを覗くと写真つきで商品の解説があります。生産者の情報や国際コンクールなどの受賞歴なども説明されていて、参考になります。インターネットでオリーブオイルを選ぶのは楽しいもの。どこに住んでいようが、たいていのものが手に入ります。

旅行に行ったらぜひお土産に

イタリアやスペイン、ギリシャ、フランスなど、オリーブオイルの生産国に行ったら、ぜひオリーブオイルを買って帰りましょう。産地には専門店もあるし、デリカテッセンやデパートにもコーナーがあります。通りのスーパーマーケットをのぞいてみてください。メーカーで直接小売りをしているところもあります。日本には決して輸入されないような現地のメーカーで、地元でしか手に入れられないオイルを買うのも楽しみです。

空港のショップにもいろいろ取りそろえられています。重いしたいていガラス瓶ですから、手持ちにするか、しっかりパッキングする必要がありますが、旅の最後においしいオリーブオイルを手に入れるのはうれしいですね。ついでに岩塩やトウガラシ、生ハムなども買いましょう。日本に戻ってきてからしばらく楽しめます。

6 きちんと保存して最後までおいしく使いきりましょう

オリーブオイルは、品質の変わりにくい安定したオイルです。時間がたつと揮発性の香りから先に消えていきますが、未開封なら、3～4年は品質に問題なく使用できます。抗酸化成分の多いオイルは1年たってもほとんど変わらぬおいしさを保っているものもあります。もちろんフルーツジュースですから、新しいものがおいしい。ワインのように長期熟成することはありません。オイルを買うなら新しいものを。品質が変わらないように上手に保存し、早めに使いきりましょう。

1. 直射日光の当たるところに置かない

オイルは紫外線や蛍光灯の光を嫌います。瓶は光の影響を受けない遮光瓶が適しています。もし透明なガラス瓶に入っていたら、アルミホイルでくるんでおきましょう。オイルの外箱は陳列棚に並んでいるとき紫外線を防ぐという意味もあります。

2. オイルを空気に触れさせない

オイルは空気に触れていると徐々に酸化します。瓶の口が小さいのは空気に触れにくくするため。一度揚げ物に使ったオイルを漉して保存する場合も、なるべく空気に触れる面積が小さい容器を選ぶようにしましょう。栓はしっかりしめます。それほど神経質になる必要もありませんが、コルク栓は通気性があるので、厳密に言えば金属キャップの方が適しています。

3. 高温の場所に置かない

オイルは高温の場所に置いておくと劣化します。キッチンのレンジの脇などに置きっぱなしにしないようにしてください。なるべく涼しい場所に置きます。とくに夏場は30度以上にならないよう気をつけましょう。冬場に室温が５度以下になると、結晶して白くなりますが、温度が高くなれば元に戻ります。結晶と解凍を何度もくりかえしていると、オイルとして使うことはできますが、どうしても香りが飛んでしまいます。冷蔵庫には入れません。

4. 大きなボトルや缶のオイルは小分けにして保存する

１ℓ入りのプラスチックボトルや業務用の大きな容器でオリーブオイルを買った場合は、使う分だけ小さなボトルに移し、残りは密封して、日光の当たらない場所に保存しましょう。きちんと保存すれば、オリーブオイルは新鮮さを長く保つことができます。

第2章

これだけ知っていればOK。オリーブオイルを使いこなす基本のルール

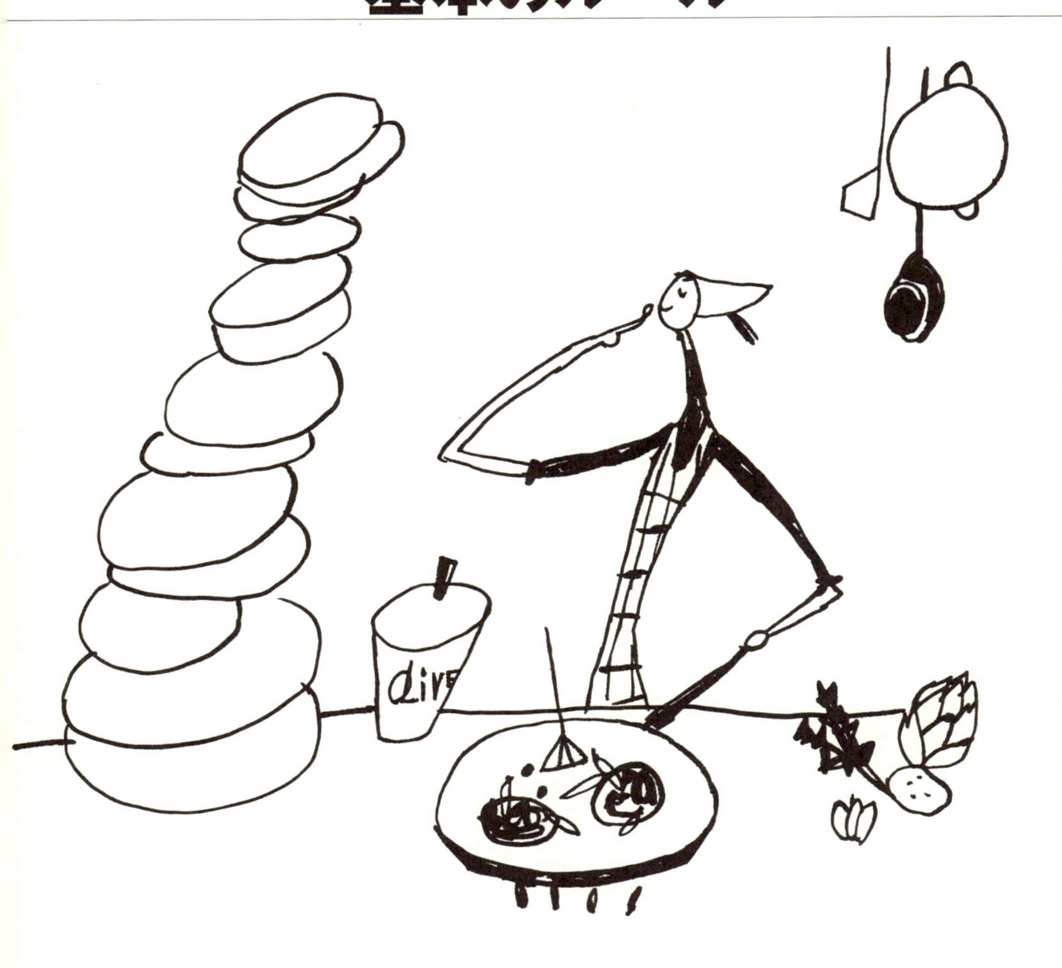

オリーブオイルは、オリーブの品種やその木の生えている土地の地質、気候などによって、さまざまな個性を持っています。その個性を料理に合わせて使い分けられればすばらしいですね。昔からいろいろな人が、どこそこのどんなオイルにはこんな料理と、うんちくを傾けています。これを考えるのも料理自慢の醍醐味です。

一方、ピュアオイルは精製オイルをベースにしているので、風味はバージンオイルよりおとなしめ。価格も手頃です。ピュアオイルとバージンオイルはどのように使い分ければよいのでしょうか。

そこで、まずおおまかなルールを覚えることにしましょう。

7 香り高い最高級エキストラバージンは調味料として使います

ひと口にエキストラバージンといっても、価格もさまざまです。なかには非常に高価なプレミアムオイルもあります。いったん人気が出ると、何でもそうですが、価格がどんどん上昇していくものですね。１本数千円というものも珍しくありません。奮発してそんなエキストラバージンオイルを手に入れたら、風味を心ゆくまで楽しみたいもの。高温で長時間加熱すると風味が飛んでしまうので、低温非加熱、生食用として使ってください。料理の仕上げにさっとかけて、コクや香りを楽しむ調味料として使うことをおすすめします。

低温非加熱といっても、アツアツの料理にかけたり、火を使う調理の最後にパッとまわしかけるのはかまいません。むしろ瞬間的に熱に触れることで香りが立ってその個性がよくわかります。要するに香りがすっかり飛んでしまうような長時間加熱さえ避ければよいのです。

もちろん、スーパーの特売のエキストラバージンでも、香りがよく新鮮なオイルであれば、焼き魚にまわしかけるなど調味料として使いましょう。逆にエキストラバージンに分類されていても、香りもないし、特徴もないと感じたら、低温非加熱などといわず、炒め物であれ、揚げ物であれ、どんどん使ってしまってかまいません。

8 スウィートタイプとスパイシータイプを使い分けましょう

オリーブオイルは香りと苦みと辛みの３つの要素で表現されます。その特徴を表わすのに、よくスウィートとスパイシーといいます。スウィートといっても、実際に甘いわけではなく、苦みや辛みが強くなく、バランスの取れた軽やかなオイルのことで、ドルチェといったり、デリケートといったりします。苦みや辛みが強いタイプをスパイシーといったり、ストロング、あるいはインテンスといったりします。苦みや辛みはオリーブオイルにとっては、ポジティブな性質です。

一般に山地のオイルはスパイシーでストロング、青々した苦みがあり、海辺のオイルはデリケートでスウィートな傾向があるといわれます。また品種によって個性が違い、たとえばモライオーロ種はスパイシーで、タジャスカ種はスウィート。同じ品種なら、早摘みの方がスパイシーで、完熟果実から採れるオイルはスウィートです。雨の多い年はマイルドで、乾燥がきつい年は辛口になります。また、南のシチリアやサルデーニャ地方には、ちょうど中間のようなオイルがあり、しっかりしたテクスチャーがありつつ、まろやかなタイプです。

一般に、香りの強さに対して、苦みや辛みがわずかに強く感じられるオリーブオイルを、バランスがよいと評価します。香りだけで苦みも辛みもなかったり、苦いばかりで香りがないのはバランスが悪いオイルです。こうした果実由来の性質をきちんと持っていることがエキストラバージンに分類されるオイルの何よりもたいせつな特徴です。それぞれのエキストラバージンならではの性質を活かして、ぴったりの料理ができるようになるのが目標です！

スパイシーなストロングタイプ

苦み、渋み、辛み、えぐみ、青臭さ、ハーブの香りなどがはっきり感じられるパンチのきいたオイルで、風味のはっきりした強い食材と組み合わせると、おいしさがぐんと引き立ちます。
　このタイプの代表はトスカーナのモライオーロ種のオイル。最後の喉ごしがヒリヒリするほどのものもあり、それをペッパリー、つまりコショウのようだといいます。オイルだけを飲み込んだりすると、あまりの辛さに咳込んでしまうこともあるほど。ところが、これを、トスカーナ名物のビステッカ・アッラ・フィオレンティーナ（炭火で焼いたステーキ→59ページ）や、よく煮込んだ豆のスープやシチューなどにちょっと垂らして食べると、素敵においしいのです。ガーリックをきかせたブルスケッタ（パンの前菜→37ページ）などにもぴったり。風味のはっきりした強い食材と組み合わせるほど、生き生きとバランスが取れます。このタイプは人気が定着していて、オリーブ好きな人のオイルと言ってよいでしょう。苦み、辛み成分はおもに抗酸化成分のポリフェノール。このタイプのオイルはロングライフです。

デリケートでスウィートなタイプ

　デリケートなオイルは、エビやホタテ、白身の魚など繊細な旨みを持つ食材に合わせるとおいしさが引き立ちます。素材の組み合わせの妙を楽しむような、大人っぽい料理には、スウィートなオイルがぴったり。温野菜やサラダなどにまわしかけて、野菜の甘みのひとつひとつを味わいたいときにもどうぞ。フルーツのデザート（→78ページ）などにも向いています。
　南フランスのラ・タンシュ種のオイルや、イタリアのリグーリアのタジャスカ種、スペインのバルセロナ近郊のアルベッキーナ種のオイルなどがこのタイプです。ローマ法王庁御用達、モナコ皇室御用達などと銘打たれ古くから高く評価されているブランドは、このタイプのものが多いように感じます。ストロングタイプのオイルに比べて抗酸化成分が少ないので、加熱するならば時間をごく短めに。辛いオイルがもてはやされる行きすぎた傾向から、再びスウィートなオイルが注目されています。

やや重いフルーティーなタイプ

　オリーブの果実らしさがたっぷり感じられる、どっしりしたオイルです。

辛みは少なく、ときにパッションフルーツの風味などと表現されます。シチリアや南スペインのアンダルシアのオイルなどがこのタイプ。果実の成熟期に暑くなる地域のオリーブオイルの特徴で、短期間に熟します。このオイルで料理すると、いかにも地中海風なボリュームが出ます。

オイルと料理の相性

オリーブオイルはたいていどんな料理にも合いますが、中にはオイルのタイプを選ぶ料理もあります。たとえばマヨネーズ。マヨネーズはもともとオリーブオイルと卵黄で作るものですが、ストロングタイプのオリーブオイルや、果実味の強いオイルではうまくいきません（→44ページ）。オイルの個性と卵のまろやかさがしっくりせず、妙に青臭い、バランスの悪いマヨネーズになってしまいます。デリケートで軽いオリーブオイルか、ピュアオリーブオイルで作る方がおいしく作れます。

一方、マヨネーズ向きでないストロングタイプのオリーブオイルは、えぐみや渋みの強い野菜や、青臭さがおいしいトマト、グリルした肉などと合わせれば、抜群においしさが引き立ちます。

大切なのは、合わせる素材との相性。料理に合わせてデリケートタイプのオイルとストロングタイプのオイル、フルーティーなオイルを使い分けることを忘れないようにしましょう。キッチンに、タイプの違うオリーブオイルをそろえれば、料理の腕前はぐーんとアップします。

9 オリーブオイルらしさを楽しみたいときは加熱料理にもエキストラバージンを

　エキストラバージンに火を入れて料理するときのコツがいくつかあります。加熱が120度くらいなら、エキストラバージンの風味のもとであるさまざまな成分はほぼ保たれます。揚げ物のように180度以上の高温で長時間調理し続けると、成分はどうしても徐々に失われていきます。ただし、たとえ高温であっても加熱が短時間であれば香りや辛み、風味などをそれほど失わずにすみます。

　オリーブオイルをたくさん使うレストランでは、経済的な面を考えて低温非加熱用のエキストラと加熱用のピュアというように使い分けることもしばしば。もっともオイルの消費量の少ない家庭では、２つのタイプをそろえる方が逆に不経済という場合もあります。１本オイルを買えばかなり長くもちますから、どちらか一方を買うことにしたいなら、エキストラバージンをおすすめします。家庭ではあまり気にせずどんな料理にもエキストラバージンを使ってＯＫです。

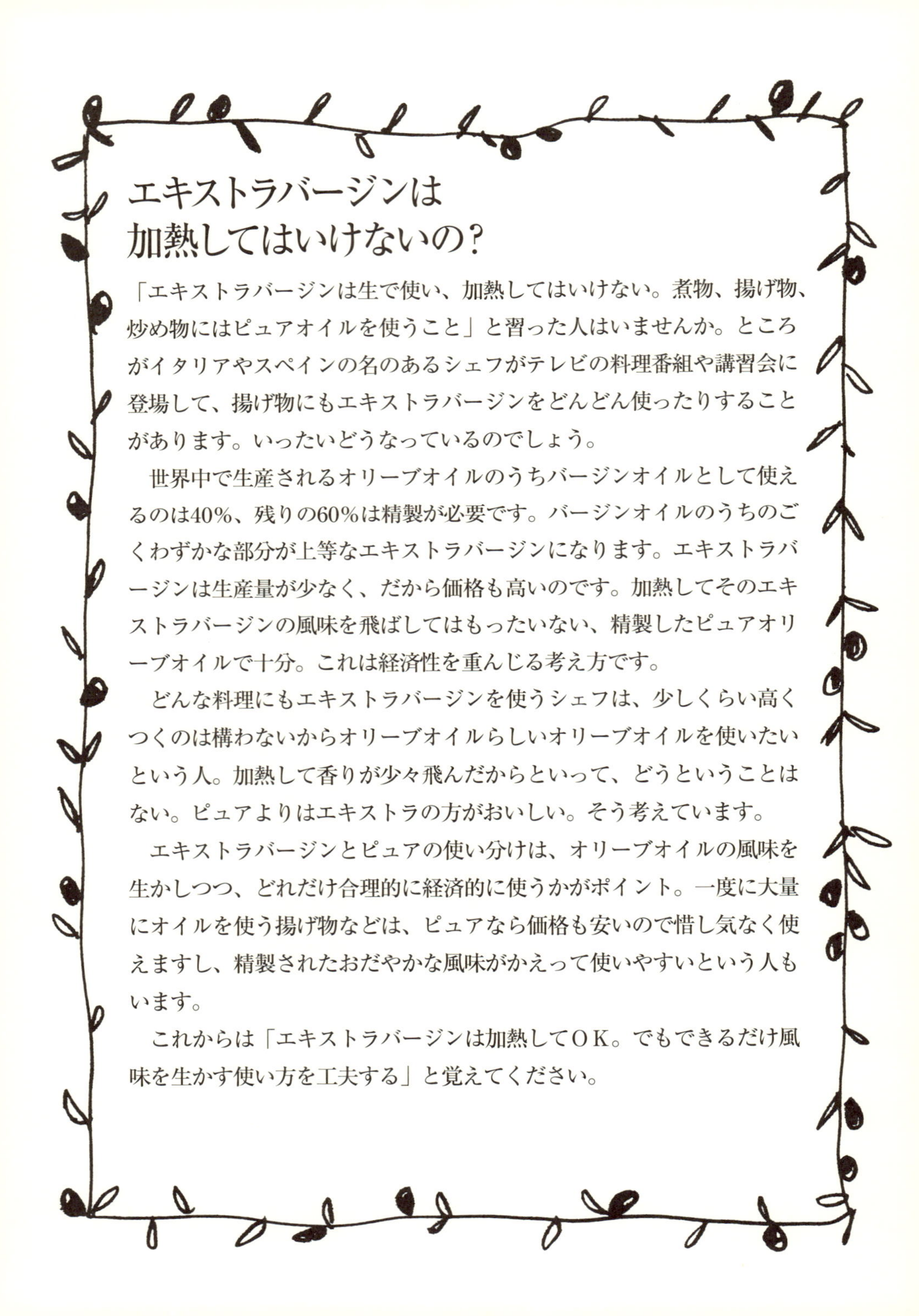

エキストラバージンは加熱してはいけないの?

「エキストラバージンは生で使い、加熱してはいけない。煮物、揚げ物、炒め物にはピュアオイルを使うこと」と習った人はいませんか。ところがイタリアやスペインの名のあるシェフがテレビの料理番組や講習会に登場して、揚げ物にもエキストラバージンをどんどん使ったりすることがあります。いったいどうなっているのでしょう。

世界中で生産されるオリーブオイルのうちバージンオイルとして使えるのは40%、残りの60%は精製が必要です。バージンオイルのうちのごくわずかな部分が上等なエキストラバージンになります。エキストラバージンは生産量が少なく、だから価格も高いのです。加熱してそのエキストラバージンの風味を飛ばしてはもったいない、精製したピュアオリーブオイルで十分。これは経済性を重んじる考え方です。

どんな料理にもエキストラバージンを使うシェフは、少しくらい高くつくのは構わないからオリーブオイルらしいオリーブオイルを使いたいという人。加熱して香りが少々飛んだからといって、どうということはない。ピュアよりはエキストラの方がおいしい。そう考えています。

エキストラバージンとピュアの使い分けは、オリーブオイルの風味を生かしつつ、どれだけ合理的に経済的に使うかがポイント。一度に大量にオイルを使う揚げ物などは、ピュアなら価格も安いので惜し気なく使えますし、精製されたおだやかな風味がかえって使いやすいという人もいます。

これからは「エキストラバージンは加熱してＯＫ。でもできるだけ風味を生かす使い方を工夫する」と覚えてください。

10 ピュアオリーブオイルで料理して、最後にエキストラバージンをプラスする、オリーブらしい風味を堪能する合理的な方法

もし、あなたが毎日オリーブオイルをたっぷり使う方なら、炒めたり、オイル煮したり、マリネしたり、そこまではピュアオリーブオイルで調理して、仕上げにエキストラバージンを足してコクと風味をプラスする使い分けはたいへん合理的です。

最初からエキストラバージンで調理している場合も、調理の間に飛んでしまった香りや旨みを補うために、仕上げにエキストラバージンをひと振りします。日本料理でもお味噌汁の吸い口は最後にパッと散らすもの。中華料理でもゴマ油を最後にひと振りすることがありますが、それと同じです。

たとえば肉や魚を焼きあげたフライパンの中に大匙１杯のエキストラバージンを足して、火を止める。皿に盛った料理の上にエキストラバージンをまわしかける。もちろん、そのように使うエキストラバージンは香り高く新鮮なものであってほしいもの。調味料として使うのなら極上のエキストラバージンを小瓶で買うという手もありますね。

11 オリーブオイルの風味を控えめにしたいときは エキストラバージンでなく ピュアオリーブオイルを

たとえば野菜のオイルマリネを作るとき、あるいはオムレツを焼くとき、オリーブオイルの風味が強すぎない方がバランスがよいこともあります。そういう場合は、エキストラバージンよりはむしろピュアオリーブオイルを使います。

また、料理の種類を問わずどんな料理にもたっぷり使いたいという人は、ピュアオリーブオイルを食用油のメインとして使ってもよいでしょう。精製されているので風味がおだやかで、料理との相性を考える必要がありません。

栄養学的には未精製のエキストラバージンがすぐれていますが、精製後でもビタミンEなど油に溶けるビタミンがたっぷり残っています。主成分は酸化しにくいオレイン酸で、悪玉コレステロールの値を下げ、心臓疾患などを予防する効果があると言われています。

12 揚げ物にもオリーブオイルがおすすめです

揚げ物には天ぷら油やサラダ油を使うという方も、ぜひオリーブオイルの揚げ物をおためしください。主成分がオレイン酸で、しかも抗酸化成分が豊富なので、コーン油やベニバナ油などに比べるとはるかに酸化されにくく、また油が揚げ物の表面にとどまり、中までしみ込みにくいという長所があり、ヘルシーです。

加熱調理や揚げ物にはピュアオイルが常識のようになっていますが、じつはエキストラバージンで揚げ物をしても構いません。エキストラバージンには、香りの成分やさまざまな栄養素が含まれていることはよく知られています。それは油の酸化を防ぐ抗酸化成分をたくさん含んでいるということであり、揚げ物に使った場合もいっそう酸化しにくいのです。

ただし、そうした微量成分が多いほど、煙の出る温度が低くなり、だいたい180度くらいから煙が出始めます。揚げ物の適温は160度から180度。エキストラバージンを使う場合は、とくに火加減に注意して180度以下の温度を保つようにしましょう。揚げ物に使うエキストラバージンは濾過してあるものを。未濾過のエキストラバージンは低温非加熱、生食用です。

ピュアオリーブオイルは精製の割合が高いので、220～230度までは煙が出ません。抗酸化成分はエキストラバージンより少なくなりますが、主成分のオレイン酸そのものが酸化に強いので、同じく揚げ物に向いています。揚げ物に使った油はキッチンペーパーで漉して密閉容器に保存すれば、何回か繰り返し使えます。

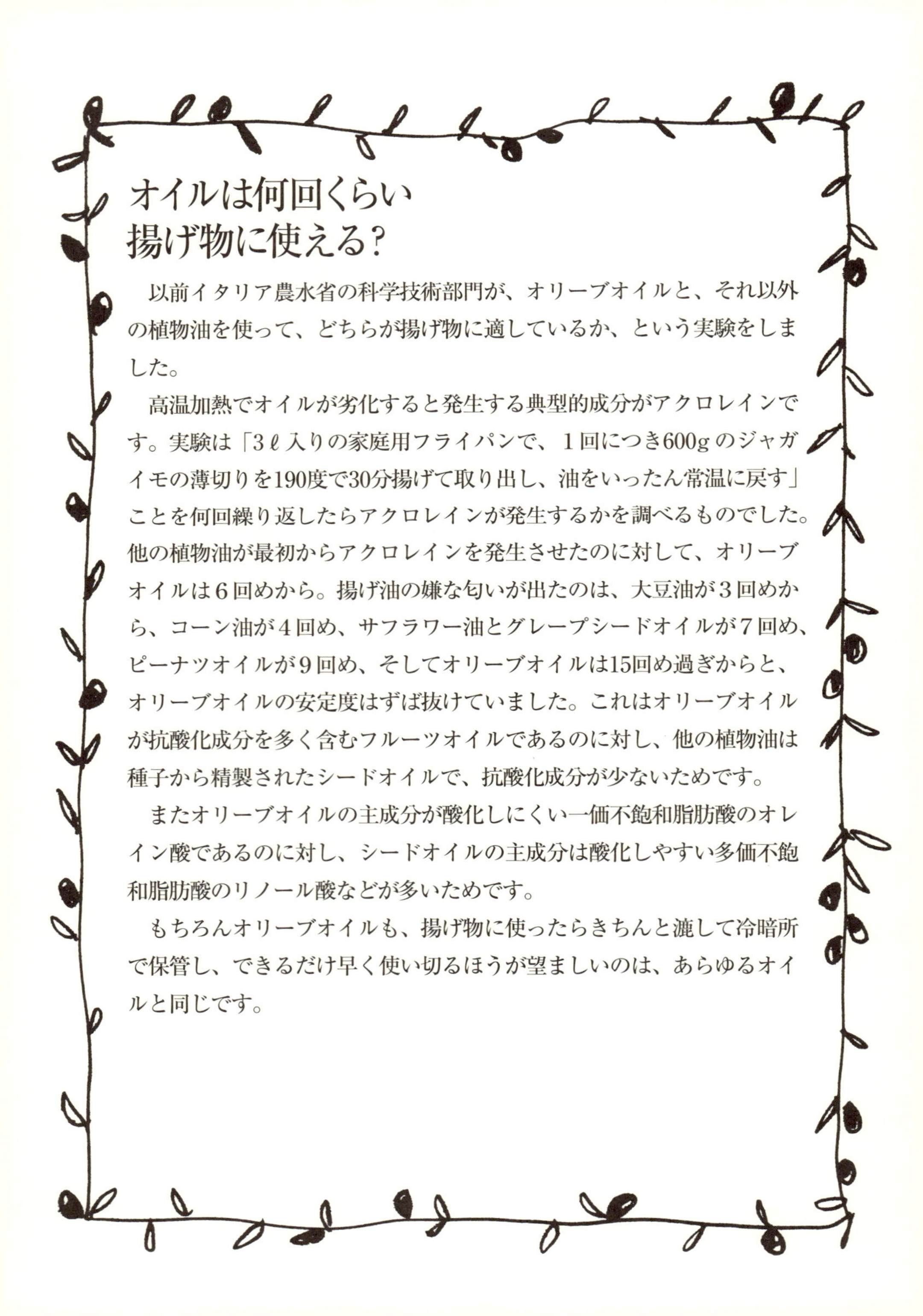

オイルは何回くらい揚げ物に使える？

以前イタリア農水省の科学技術部門が、オリーブオイルと、それ以外の植物油を使って、どちらが揚げ物に適しているか、という実験をしました。

高温加熱でオイルが劣化すると発生する典型的成分がアクロレインです。実験は「3ℓ入りの家庭用フライパンで、1回につき600gのジャガイモの薄切りを190度で30分揚げて取り出し、油をいったん常温に戻す」ことを何回繰り返したらアクロレインが発生するかを調べるものでした。他の植物油が最初からアクロレインを発生させたのに対して、オリーブオイルは6回めから。揚げ油の嫌な匂いが出たのは、大豆油が3回めから、コーン油が4回め、サフラワー油とグレープシードオイルが7回め、ピーナツオイルが9回め、そしてオリーブオイルは15回め過ぎからと、オリーブオイルの安定度はずば抜けていました。これはオリーブオイルが抗酸化成分を多く含むフルーツオイルであるのに対し、他の植物油は種子から精製されたシードオイルで、抗酸化成分が少ないためです。

またオリーブオイルの主成分が酸化しにくい一価不飽和脂肪酸のオレイン酸であるのに対し、シードオイルの主成分は酸化しやすい多価不飽和脂肪酸のリノール酸などが多いためです。

もちろんオリーブオイルも、揚げ物に使ったらきちんと漉して冷暗所で保管し、できるだけ早く使い切るほうが望ましいのは、あらゆるオイルと同じです。

第3章

基本のレシピ

作りながら覚える
オリーブオイルの使いこなし

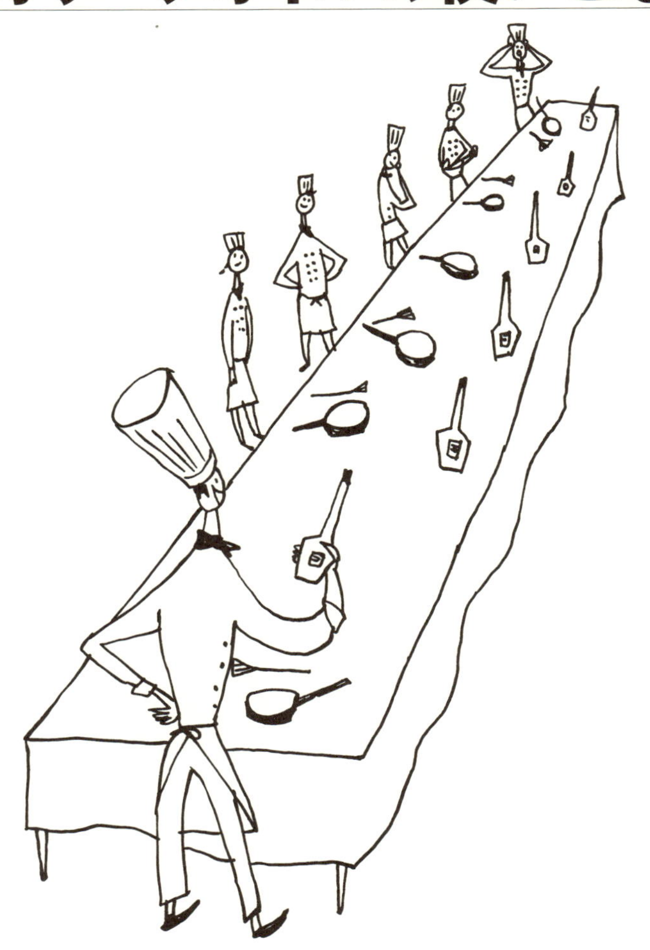

オリーブオイルは、オイルそのものに香りや旨みがあります。料理にまわしかけたり、煮たり、焼いたり、ソースを作ったりといろいろな使い方ができます。

せっかくオリーブオイルを使うのですから、イタリアやスペインの定番料理はぜひマスターしたいもの。それに意外かもしれませんが、豆腐や醤油、味噌など、和の食材ともなかなか相性がよいし、ゴマ油と半分ずつ混ぜて使ってもおいしいのです。

この章では、オリーブオイルを使いこなすための基本のレシピをご紹介します。シェフや料理研究家、料理自慢の友人たちからもオリジナルレシピをいただきました。レシピをひと通り作るとオリーブオイルの使い方のコツが自然にわかるようになっています。勘がつかめたら、あとは自由にアレンジして、あなたらしいオリーブクッキングをお楽しみください。

材料の分量はとくに何も書いていない場合は４人分。作る人数分に合わせて量を加減します。少人数分を作るときは、オイルの分量は気持ち多めに、多人数分を作るときは気持ち控えめにするのがコツです。

13 食卓の調味料として使う

イタリアやスペインの食卓には、必ずオリーブオイルが置いてあり、自由に使えるようになっています。オリーブオイルは料理油である前に、調味料なのです。でも、日本では油を調味料として使うことがありませんから、ピンとこない方もいるでしょう。調味料として使うって、どういうことでしょうか。

バターのように、パンにつけます

パンはトーストしてもしなくても、お好みで。注ぎ口を付けた瓶から直接パンにまわしかけたり、小皿に必要な分だけ取り分けて、パンをちぎって浸しながら食べたりします。パンに塩味がきいていればそのままで。塩味がないときは、塩をふりかけるか、オイルの小皿の中に塩を少々入れます。

動物性脂肪の摂りすぎを気にしている方は、バターをオリーブオイルに替えても。ただし脂肪はバターでもオリーブオイルでも、あるいはゴマ油でも1ccが9kcalです。カロリーを控えめにしたいなら量で調整しましょう。

風味を添えるために、料理にまわしかけます

料理を取り分け、自分で好きなだけオリーブオイルをかけます。とくに豆や野菜のスープ、シチューといった煮込み料理、肉や魚のソテー、スパゲッティなどには欠かせません。熱い料理からはオイルの香りが華やかに立ちのぼり、冷たい料理はぐんとコクがまします。風味の強いしっかりした料理にはスパイシーでピリッとしたトスカーナなどのオイルを。冷たい料理にはエレガントなリグーリアやプロバンスのオイルがおすすめです。

サラダ用のドレッシングオイルとして使います

イタリアやスペインでは、サラダの味つけはテーブルの上でするのが普通。塩とビネガー、オリーブオイルで好きなように味つけします。順番はオリーブオイルが先で、ビネガーが後。こうすると、ビネガーで野菜がしんなりしてしまうのを防ぎ、最後までパリッと食べられます。食卓に用意するオリーブオイルに、ローズマリーや鷹の爪、好みのハーブなどを漬け込んでおくと、フレーバーオイルになります。

ピンツィモニオのディップソースを作ります

セロリ、ピーマン、キュウリなどのスティック野菜をオリーブオイルにつけて食べるのがピンツィモニオ（pinzimonio）です。少し深めの小皿を用意し、そこにこんもり塩を盛り、コショウをたっぷりひいてかけ（ゴマ塩のように見えるくらいコショウはたっぷり！）、ひたひたにオリーブオイルを注ぎます。塩は粗めの岩塩がおすすめ。スティック野菜をこのオリーブオイルをつけながら食べます。

ピンツィモニオは、新鮮な野菜の香りやえぐみを堪能するための食べ方ですから、オリーブオイルは野菜の味を邪魔しない、スウィートでマイルドな、辛みや刺激の強くないオリーブオイルを使うことに決まっています。スペインのアルベッキーナ種のオイルや、フランスのプロバンスのオイル、イタリアのリグーリアのオイルなどがおすすめです。

14 極上のオリーブオイルを楽しむために シンプルなパンの前菜（アンティパスト）を作る

トスカーナなどオリーブオイルの産地では、収穫シーズンのパーティーに、オリーブの枝で熾した火を使って香ばしく焦げ目をつけたパンに、さっと塩をふってオリーブオイルをかけただけのシンプルなひと皿が、最初のアンティパスト（前菜）として出されることがあります。おおぜいの招待客を集めた華やかなパーティーのスタート、それには少々素朴すぎるひと皿のように思えますが、そんなこちらの心配をよそに大きな銀のプレートが、それはそれは厳かに運ばれてきます。お腹を空かせた客たちは歓声をあげて次々と手を伸ばし、お皿はたちまち空っぽに。そう、これが、その年初めてできたオイルを祝い、それを堪能するいちばんよい方法なのです。

前から試してみたかった珍しいオイルが手に入ったとき、あるいはあなたのお気に入りのオイルをお客様にも存分に味わっていただきたいとき、ぜひパンのアンティパストをどうぞ。手早くできるし、その後の食欲増進にももってこいです。

パンは砂糖やバターを加えたフワフワしたものや、サワーブレッドなどの重すぎるものは避けます。やわらかすぎず、重すぎず、小麦粉のおいしさが味わえるもの。できれば強力粉で焼いた素朴なパンがよく、なければフランスパンでもよいでしょう。

パンは食べやすい大きさに切ってトーストします。薄く切り過ぎると、トーストしているうちにパリパリになってしまうので、やや厚めに切りましょう。大きなパンなら、5cmほどのサイコロ型に切っても。両面がこんがり焼けていて、中はしっとり、小麦粉そのもののおいしさが感じられるように焼けたら成功。トースターでもよいですが、いちばんよいのはグリルパン。焼き上がったパンを皿に並べて、パンの上からエキストラバージンをまわしかけ、塩を少々ふって、アツアツのところを出します。

たとえばこんなオイルで……

オリオ・ヌーボー　カリカート 2015−2016

Olio Extra Vergine di Oliva di Affioramento

Pier Domenico Caricato 社製

■オリオ・ヌーボー（→173ページ）はその年初めて市場に出まわるオリーブオイル。季節の風物詩でもあり、なかなか手に入らないので珍重されています。

15 アーリオ・エ・オーリオをマスターする

アーリオ・エ・オーリオ（Aglio e Olio）はガーリックオイルのこと。イタリア語でアーリオはガーリックつまりニンニク、オーリオはオリーブオイルです。オリーブオイルとニンニクの相性のよさはすばらしく、地中海の周辺には、どこにも必ずオリーブオイルとニンニクを組み合わせた料理があります。フランスでユイル・ダイユ（Huile d'Ail）と呼ばれるのはすりつぶしたニンニクにオイルを足したもの。プロバンス料理に欠かせないアイオリ（Aioli）またはアイヨリ（Ailloli）と呼ばれるソースは、すりつぶしたニンニクにオリーブオイルと卵黄を足したもの。というわけで、ニンニクとオリーブオイルをうまく使いこなせば、オリーブオイルの基本のかなりの部分をマスターしたことになります。材料は約４人分です。

火を通して作るアーリオ・エ・オーリオ

基本のアーリオ・エ・オーリオ

ガーリック風味のオリーブオイルは、パスタを和えたり、いろいろな料理のベースになったりと、地中海料理の味の基本です。火を通さない場合も、通す場合もありますが、火を通す方が応用範囲が広くて使いやすいと思います。唐辛子を１〜２本加えれば「アーリオ・オーリオ・エ・ペペロンチーノ」。トマトソースを加えれば「アーリオ・オーリオ・エ・ポモドーロ」。ローズマリーをプラスしたり、塩のかわりに刻んだアンチョビという組合せも。まずは、定番中の定番「アーリオ・エ・オーリオ」の作り方を覚えましょう。

材料／４人分

オリーブオイル大匙４　ニンニク４片

●ニンニクの割合がかなり多いですが、このくらい入らないといかにも地中海風という感じになりません。ニンニクが強すぎると思えば、この半分くらいでも。

作り方

❶ニンニクを切ります。ニンニクの香りを効かせたければ、ごく細かいみじん切りに。1片をまるごと、あるいは半分に切って、包丁の背で押し潰すにとどめれば、香りをしのばせる程度になります。薄くスライスすれば、風味の強さはその中間です。焦がさないようにじっくり火を通します。ニンニクの大きさをそろえて切るのがポイント。大きさがばらばらだと、あるものは焦げ、あるものは火が通らないということになってしまいます。

❷フライパンにオリーブオイルを入れ、ニンニクを入れます。

❸弱火でじっくり温めて、ニンニクの香りをオイルに移します。みじん切りなら弱火で3～4分、丸ごとなら7～8分、気長に香りをひき出します。この時間のかけかたはふだん考えているよりはるかに長いはず。一度時計を使ってしっかり時間を計りながらやってみるとよいでしょう。ニンニクが焦げそうになったらフライパンを火からはずし、しばらくしてから火に戻すなどして、火加減を調節するのがコツ。焦がすと旨みと香りが出てきません。

アーリオ・エ・オーリオを1人分作ろうとすると、オイルが少なすぎてニンニクがフライパンの底にくっついてしまい、焦げやすくなります。そういうときは、オイルを大匙1.5にし、フライパンを傾けて、オイルを手前に集め、その中でニンニクに火を通すとよいでしょう。

❹含まれていた水分がすっかり飛ぶと、ニンニクはオイルの表面に浮き上がってきます。色はこんがりキツネ色。ニンニクはそのままオイルの中に残しておいてもよいし、掬って取り出してもかまいません。

アーリオ・エ・オーリオでパスタを和えるにせよ、肉や魚介をソテーするにせよ、作り方はここまでは、いっしょです。ここから目的に合わせて、さまざまなアレンジをします。

アーリオ・エ・オーリオのスパゲッティ

アーリオ・エ・オーリオのもっともポピュラーな使い方は、スパゲッティを和えることでしょう。メインの料理が重いときなど、シンプルなアーリオ・エ・オーリオのスパゲッティはたいへんバランスのよいものです。

材料

スパゲッティ320ｇ
オリーブオイル大匙４　ニンニク４片
パセリ適宜　塩コショウ適宜

作り方

❶大きな鍋にたっぷりの湯を沸かします。１人分１ℓ見当。沸騰したら塩を入れ、スパゲッティをゆでます。塩味の半分はここでつけるつもりで。
❷スパゲッティのゆで時間を逆算して、同じころにできあがるように、フライパンでアーリオ・エ・オーリオを作り始めます。
❸スパゲッティを歯ごたえが残るようアルデンテにゆで、水気を切ります。
❹ゆでた湯から１人分大匙１杯（４人分で玉杓子１杯くらい）をアーリオ・エ・オーリオのフライパンに入れ、ゆすって、よくなじませます。湯が加わることでオイルが乳化され、とろりとしたソースになります。スパゲッティはオイルで和えるのではなく、乳化させたソースで和えると覚えましょう。好みでパセリのみじん切りを入れ、塩コショウで味をととのえます。
❺フライパンにスパゲッティを入れ、ソースとよくからめてから、皿に盛ります。

アーリオ・オーリオ・エ・ペペロンチーノのスパゲッティ

アーリオ・エ・オーリオに唐辛子をプラス。スッキリした味が後を引きます。

材料

スパゲッティ320g
オリーブオイル大匙４　ニンニク４片
トウガラシ４本　パセリ適宜
塩コショウ適宜

作り方

❶フライパンでアーリオ・エ・オーリオを作ります。ニンニクの香りが移ったら、種を除いたトウガラシを入れ、２〜３分弱火にかけます。
❷スパゲッティをゆでた湯を足し、好みでパセリのみじん切りを入れ、塩コショウひとつまみで味をととのえます。以下、アーリオ・エ・オーリオのスパゲッティと同じ。

アンチョビのアーリオ・エ・オーリオ

塩味をアンチョビに変えます。ソースとしても、さらに応用範囲が広がります。パスタを和えるなら、アーリオ・エ・オーリオのスパゲッティの例を参考に。ソースとして使うなら、おすすめはさらしタマネギやアサツキの薬味をのせ、黒コショウをふった冷や奴、ホカホカにゆで上げたジャガイモなど。熱いオイルをそのままジュッとかけます。

材料

ニンニク２片　オリーブオイル大匙４
アンチョビ４枚
アンチョビで塩味が足りなければ塩少々

作り方

●アーリオ・エ・オーリオを作ります。アンチョビは漬け油を切ってから、みじん切りにし、大匙４の水とともに、アーリオ・エ・オーリオに混ぜます。アンチョビは市販のペーストでもＯＫ。味をみて足りなければ塩で加減して。

●熱いソースを料理にかけまわします。

火を使わないで作るアーリオ・エ・オーリオ

火を使って作るアーリオ・エ・オーリオより、もっと古くからあるのが、火を使わないアーリオ・エ・オーリオ。これよりシンプルなソースはないというくらいシンプル。生のガーリックがたっぷり入るので、おいしいけれど香りも強く、誰かに会う予定のない日曜日などにおすすめです。スパゲッティをはじめさまざまなパスタに。

材料

ニンニク４片　オリーブオイル大匙４
パスタ320g　塩コショウ、パセリ各適宜

作り方

●パスタを歯ごたえが残るようアルデンテにゆでます。

●ニンニクをすりおろし、オイルと合わせ、途中ゆで湯を杓子１杯足してとろみをつけ、塩で味をととのえます。刻んだパセリを混ぜます。

●ゆであげたパスタに少しずつアーリオ・エ・オーリオを混ぜます。

アイオリ（Aioli）または
アイヨリ（Ailloli）の作り方

南フランスで好まれるソース。火を使わないアーリオ・エ・オーリオに卵黄を足したもの。プロバンスのバターとも呼ばれ、ブイヤベースやゆでた魚介類、温野菜のサラダには欠かせません。皮ごとゆでたジャガイモ、ゆで卵などに和えることも好まれます。ニンニクがきついと思う方は量を少なくしてください。

材料

ニンニク４片　卵黄１個分　塩少々
オリーブオイル１カップ

作り方

●ニンニクの皮をむき、中の芽を取り、ざっと刻みます。

●ニンニクにオイル少々を足してミキサーにかけ、こまかくなったらすべての材料を入れてさらにミキサーをまわします。すり鉢であたってもＯＫ。マヨネーズくらいの固さになったらできあがり。

アーリオ・エ・オーリオの
ペースト

手軽にアーリオ・エ・オーリオの風味を楽しめるオールマイティな料理ベース。ニンニクが腐敗を防ぐので、瓶に詰めて密封しておけば、室温でかなり長く保存がききます。

材料

ニンニク小１個　オリーブオイル１カップ

作り方

●皮をむいて粗く刻んだニンニクを、オイルとともにミキサーにかけます。ニンニクの香りを弱めたければ、いったんボイルしてからミキサーにかけてもよいでしょう。

●よくなじんだら、密閉容器に入れ、表面をオイルで覆っておきます。ニンニクそれ自体に防腐効果があるので、長く保存できます。

■使うときは、フライパンにオイルを温め、そこにこのペーストを小匙１ほど足すだけ。ペーストは一瞬で火が回り、すぐによい香りがたってきます。肉や魚介を焼くときはそのままで。パスタソースにする場合は、ゆで湯を１人分大匙１ほど加えてよく混ぜ、塩で調味します。サラダドレッシングに少量加えてもおいしいもの。

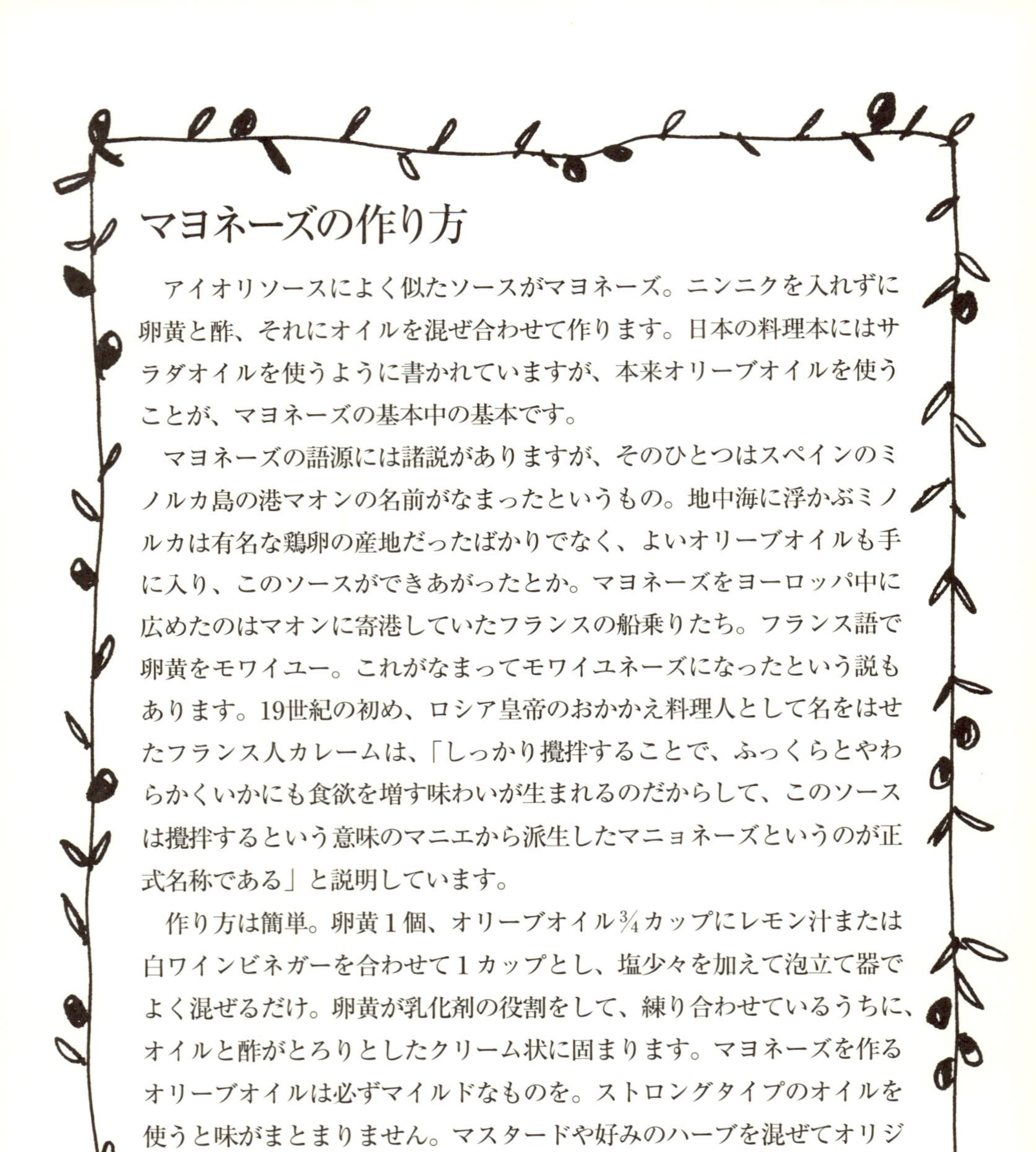

マヨネーズの作り方

アイオリソースによく似たソースがマヨネーズ。ニンニクを入れずに卵黄と酢、それにオイルを混ぜ合わせて作ります。日本の料理本にはサラダオイルを使うように書かれていますが、本来オリーブオイルを使うことが、マヨネーズの基本中の基本です。

マヨネーズの語源には諸説がありますが、そのひとつはスペインのミノルカ島の港マオンの名前がなまったというもの。地中海に浮かぶミノルカは有名な鶏卵の産地だったばかりでなく、よいオリーブオイルも手に入り、このソースができあがったとか。マヨネーズをヨーロッパ中に広めたのはマオンに寄港していたフランスの船乗りたち。フランス語で卵黄をモワイユー。これがなまってモワイユネーズになったという説もあります。19世紀の初め、ロシア皇帝のおかかえ料理人として名をはせたフランス人カレームは、「しっかり攪拌することで、ふっくらとやわらかくいかにも食欲を増す味わいが生まれるのだからして、このソースは攪拌するという意味のマニエから派生したマニョネーズというのが正式名称である」と説明しています。

作り方は簡単。卵黄１個、オリーブオイル¾カップにレモン汁または白ワインビネガーを合わせて１カップとし、塩少々を加えて泡立て器でよく混ぜるだけ。卵黄が乳化剤の役割をして、練り合わせているうちに、オイルと酢がとろりとしたクリーム状に固まります。マヨネーズを作るオリーブオイルは必ずマイルドなものを。ストロングタイプのオイルを使うと味がまとまりません。マスタードや好みのハーブを混ぜてオリジナルマヨネーズにするのも楽しいです。

アーリオ・エ・オーリオを応用して

澤口知之さんのブロッコリーのスパゲッティプーリヤ風

かつて六本木にあった伝説のイタリアンレストラン、ラ・ゴーラはインターネット・ミシュランで『日本でいちばんパスタの旨い店』の投票が行われたときに、最高点をゲットしたレストラン。そのラ・ゴーラで人気のパスタのひとつがこのプーリヤ風スパゲッティ。アーリオ・エ・オーリオをベースにブロッコリーが舌触りのよいソースになった魅力的なパスタです。今は亡きシェフの澤口さんに教えていただいた思い出のレシピです。オリーブオイルの使い方のコツがいろいろわかりますね。

材料

スパゲッティ（1.6mm）320g
ブロッコリー中1株　アンチョビ6枚
ドライトマト3本
（ドライでもオイル漬けでも可）
ニンニク中2片　トウガラシ1本
塩コショウ適宜
エキストラバージンオイル大匙5

作り方

❶フライパンにエキストラバージンオリーブオイル大匙3を入れニンニクとトウガラシのみじん切りを加え、弱火で3〜4分ほどじっくり香りを出します。オイルの温度は120度が目安。熱しすぎないこと。
❷幅2〜3mmのせん切りにしたドライトマト、刻んでたたいたアンチョビを加えて全体になじませます。
❸たっぷりの湯（100g当たり1ℓ弱）を沸かし、塩大匙1½を加え、スパゲッティと小房に分けたブロッコリーを同じ鍋でいっしょにゆでます。
❹ソースとからめる間に火が通ることを計算に入れ、スパゲッティはアルデンテより気持ち早めの状態で、ブロッコリーといっしょに取り出して湯を切ります。
❺ゆで湯大匙1〜2杯を❷のソースに加えて塩コショウして、味をととのえ、よく混ぜます。
❻ソースのフライパンを強火にし、スパゲッティとブロッコリーを入れて和えます。ブロッコリーが煮崩れ、余分な水分を飛ばしたら火から下ろし、香りのよいエキストラバージンオリーブオイル大匙2をふりか

け、皿に盛ります。

■ポイント１　スパゲッティがアルデンテ（歯ごたえを残してゆで上げること）に仕上がるのと、ブロッコリーが煮崩れはじめるのが同時になるようにすること。スパゲッティの太さが1.6mmなら、ブロッコリーと同時にゆで始め、1.4mmならブロッコリーを１～２分先に入れてゆでます。1.9mmならパスタを１～２分先に入れてゆでます。

■ポイント２　あらゆるソースは、いかにオイルと水分をうまくなじませるかがおいしさのポイント。塩味のついたゆで湯を加えると、水分とオイルがなじんで乳化し、同時に塩分を均一になじませることができます。

■ポイント３　大量にオリーブオイルを使うレストランでは、ピュアオイルを加熱用に、極上エキストラバージンを調理の仕上げにと、合理的に使い分けます。たとえば❶でアーリオ・エ・オーリオを作る際、エキストラバージンではなくピュアでもかまいません。そのかわり仕上げでは必ずエキストラバージンを使います。

バーニャカウダ（Bagna Cauda）

温かいお風呂という意味のバーニャカウダ。生野菜をたっぷり食べるための温かいディップです。アーリオ・エ・オーリオとはずいぶん違って見えますが、ニンニクとエキストラバージンの風味を生かす点は同じ。それにアンチョビをプラスします。

材料

ニンニク１個　アンチョビ10枚
オリーブオイル１カップ
セロリ、ニンジン、ピーマンなど適宜

作り方

●ニンニクは皮をむいて熱湯でやわらかくなるまでゆでます。
●アンチョビとニンニクをともに包丁で細かくたたきます。
●小鍋にアンチョビとニンニクを入れ、オリーブオイルを注いで軽く煮立たせ、そのままテーブルに運んで、スティックに切った生野菜をつけていただきます。

■ピッツィモニオとよく似た使い方のディップ用ソース。いろいろなバリエーションがあり、オリーブオイルにバターを加えたり、生クリームを加えたりすることもあります。フランス国境に近い北イタリアはピエモンテの郷土料理。バターの文化圏に近いこともあり、オリーブオイルとクリームをいっしょに使うことの多い地方です。クリームと合わせるなら、オリーブオイルはマイルドなタイプを。

16 いろいろなソースやドレッシングを作りましょう

オリーブオイルとさまざまな素材を組み合わせてソースを作ってみましょう。素材の個性がオリーブオイルでひとつにまとまり、おいしいソースになります。

そのまま合わせるだけの簡単フレッシュソース

香り高くコクのあるオリーブオイルは、ハーブやレモンジュースなどを合わせるだけで、すばらしいソースになります。

レモンドレッシング

ボイルしたエビや、ホタテのお刺し身のソースとして。アルデンテにゆでたごく細いスパゲッティと和えてもさっぱりしておいしいものです。オイルはスウィートタイプで。

材料

すりおろしたレモンの皮1個分
レモンジュース1個分
エキストラバージンオリーブオイル大匙6（スウィートタイプ）
塩小匙1½　コショウ少々
パセリのみじん切り1枝

作り方

●レモンを搾って果汁を取り出し、そこに少しずつ、たらたらとオリーブオイルを混ぜながら、泡立て器で攪拌します。ドレッシングのおいしさは、酢と油がどれだけうまく乳化しているかにかかっています。ここはていねいに。

●とろみがついたら、レモンの皮、塩コショウ、パセリを入れて混ぜ合わせます。

オリーブのキャビアソース

イタリアやスペインでは、刻んだブラックオリーブのことを冗談でキャビアと呼びます。レシピ通りに作るとペースト状になります。あらかじめ作りおきして、使う分だけ取り出しオリーブオイルや、レモン果汁などでゆるめて使います。スズキやヒラメなどの白身魚の薄作り、ローストチキン、焼き魚、豆腐の田楽などにもよく合います。パスタと和えるときは、フライパンでオリーブオイルを温め、そこに１人分大匙１のキャビアソース、大匙１のゆで湯を入れて、ゆであがったパスタを和え、塩コショウで味をととのえます。

材料

ブラックオリーブのピクルス１カップ（200gほどの缶詰でも可）
バジリコ、パセリ、オレガノ、ケッパーなど好みのハーブ適宜　ニンニク１片
エキストラバージンオイル½カップ（スパイシータイプ）

作り方

●種を抜いたブラックオリーブのピクルスをハーブ、ニンニクとともに細かく刻むか、ミキサーにかけます。
●密封容器に入れ、ひたひたにオリーブオイルを注いで冷蔵庫へ。作って１〜２日たってからの方が味がなじんでおいしい。

フレッシュトマトソース

トマトの酸味がビネガーがわりのさっぱりした便利でおいしいソース。

白身魚の蒸し煮のソースにしたりパスタを和えたり。パスタは極細タイプの冷製がおすすめ。気持ちやわらかめにゆでて冷水にさらしてソースで和えます。トマトは甘みのあるしっかりした味のものを使うと、ぐんと引き立ちます。

ガーリックトーストにしたフランスパンにのせてブルスケッタにしてもおいしいです。

材料

トマト中２個　ニンニク½片　バジリコ適宜　エキストラバージンオイル大匙４
塩コショウ少々

作り方

●トマトは皮をむき種を除いて、２cm角の粗みじん。ニンニクは細かいみじん切り。バジリコの葉数枚をちぎったもの。これをすべて合わせて塩コショウし、エキストラバージンをふりかけて10分ほどなじませておけばできあがり。

■ブルスケッタを作るには……フランスパンをトーストし、ニンニクの切り口をこすりつけておきます。このパンにフレッシュトマトソースを。ソースがパンに染み込むくらいたっぷりのせるのがおいしい。

ジェノバペースト

北イタリアのリグーリア地方一番の港町ジェノバは、コロンブスが新大陸発見を目指して航海に乗り出したところ。海岸沿いにはよい香草がたくさん生えていて、そこからよいバジリコも採れるのだとか。

リグーリアのマイルドなオリーブオイルと合わせて作るジェノバペーストはバジリコスパゲッティとも呼ばれるパスタソースの定番ですが、ボイルした魚のソースなどにもぴったりです。

材料

バジリコ100g　松の実大匙1
ニンニク1片
パルメザンチーズ大匙2
塩少々
エキストラバージンオイル1カップ

作り方

●すべての材料をミキサーに入れて、攪拌します。ミキサーがなければすり鉢であたってもよいでしょう。瓶に入れて密閉し、冷蔵庫に入れておけば、1週間はもちます。ただし、作ってすぐ食べるほうが色はきれい。

ディルソース

ハーブのディルは最近はスーパーでも簡単に手に入るようになりました。スモークサーモンとカマンベールチーズのサラダ、グリーンサラダのドレッシングなどに。お刺し身のソースとしてもなかなかいけます。ごはんに混ぜると、エスニックなお寿司ごはんができます。

材料

ディルのみじん切り、ケッパー、
マスタード、白ワインビネガー各大匙1
エキストラバージンオイル大匙2
塩コショウ少々

作り方

●オリーブオイルにマスタードを混ぜ、さらにビネガーを合わせてよく混ぜ、ディルとケッパーを入れます。塩コショウで味をととのえます。

火を通して作るソース

火を通して作るソースは、オリーブオイルによって、材料の旨みが渾然一体となって溶け合います。キッチンに漂うオリーブの香りは、幸福そのもの。たいていのものは日保ちするので、少し多めに作ってもだいじょうぶ。冷凍しておくこともできるので、突然のお客様や、のんびりしたい日曜日のブランチも、手早くごちそうができあがり。

ホットトマトソース

トマトとバジリコ、オリーブオイルをコトコト煮込んだソースは地中海の太陽の味。パスタソースの定番ですが、グリルした肉や魚のソースとして、魚介のスープの味つけにも大活躍。チキンのトマト煮込み、オムレツやピッツァのソースなどにも便利です。ケッパーを入れたり、ハーブや唐辛子を加えたり、バリエーションが工夫できます。トマトの酸味が強いときは、砂糖小匙１ほど加えて酸味を消すとまろやかに。

トマトソースは瓶詰や缶詰で市販されていますが、やっぱり自分で作るほうがだんぜんおいしい。日曜日の昼下がり、時間があるときにたっぷり作りおきしましょう。冷凍保存できます。

材料（４人分のパスタソースとして）
ニンニク１片　タマネギ¼個
トマトの水煮缶詰２缶　塩コショウ少々
生のバジリコ（なければドライでも）適宜
エキストラバージンオイル大匙２（スパイシータイプ）

作り方

❶フライパンでアーリオ・エ・オーリオを作り、みじん切りのタマネギを加えて、中火でよく炒めます。
❷種をとってつぶしたトマトを缶の汁ごと加え、塩コショウし、ソースが煮立ったら蓋をして弱火で５～10分ほど煮込みます。ここで酸味が強すぎるようなら、小匙１の砂糖を加えます。
❸バジリコの葉を数枚、またはドライのバジリコを入れてできあがり。
❹ゆであがったパスタをフライパンに入れて和えます。

■ソースを保存するときは、冷ましてファスナーつき保存袋などに入れて冷凍し、使うときに解凍します。
■オリーブのピクルスの刻んだもの、ケッパー、ドライトマトを刻んだものなど好みのものを加えると、風味にコクが出ます。

イカスミソース

パスタはもちろん、ボイルした魚介類、重しをしてよく水気を切った豆腐などを和えてもおいしい。このレシピでは生のイカからスミを取り出しますが、めんどうなら市販のイカスミソースを混ぜても。

材料

ニンニク1片
エキストラバージンオイル大匙2（スパイシータイプ）
タマネギのみじん切り½個分　イカスミ1ぱい分　塩コショウ少々

作り方

●アーリオ・エ・オーリオを作り、タマネギのみじん切りを加えて、透き通るまで炒めます。

●大匙2の湯を加え、イカの袋からスミを絞り出して入れて混ぜ、塩コショウして味をととのえます。

17 マリネする

マリネというとビネガーに漬け込むことだと思いがちですが、オイルに漬け込むのもマリネです。マリネには、肉や魚、野菜にコクを出しおいしくするという目的と、保存食を作るという目的があります。

オリーブオイルでマリネすると空気が遮断されるので、保存食作りにも大活躍。スペインやイタリアでは、今でもオリーブオイルを使って旬の野菜を保存食にする伝統が残っています。

マリネの中には、室温でも１週間から１カ月くらいは日保ちするものが多いので、時間があるときに何種類も作りおきしておくと、お昼ごはんくらいなら、火を使わなくても、簡単にできてしまいます。ふいのお客様にあと１品というときにもたいへん重宝です。

肉や魚をおいしくするためのオイルマリネ

オリーブオイルで１時間くらいマリネしてから焼くと、固い肉や旨みの少ない肉もやわらかく、コクのある味になります。ファスナーつき保存袋などを利用すると少量のオイルで間に合いますし、すぐに使わないときは、そのまま冷凍もできて便利。冷凍しても、オリーブオイルのおかげで、パサパサになったりせず、おいしく保存することができます。

材料

肉や魚適宜（Ｔボーンステーキ、ラムチョップ、鶏の手羽、掃除したイワシ、ハマチやサバ、サケなどの切り身がおすすめ）

ローズマリー、オレガノ、セージなどハーブ適宜　塩コショウ少々

エキストラバージンオイル適宜（スパイシータイプ）

作り方

●食べやすい大きさに切った肉や魚に塩コショウして、好みのハーブとともにファスナーつき保存袋に入れ、オリーブオイルを注いで口を閉じます。オイルが全体にからむように軽くもみます。サバなど水分の多

い魚を漬け込むときは、塩をしてしばらくおき、ペーパータオルで水気を切ってから。
●そのまま冷蔵庫で1時間くらいおきます。長く保存したい場合はここで冷凍します。
●漬け油を切って焼き、焼き上がったら皿に盛りつけ、新しいエキストラバージンオリーブオイルをまわしかけて、風味を添えます。

作りおきできるマリネ

マリネを常備菜として何種類か作っておくと、いつもの食卓も目先が変わって楽しいものです。保存は冷蔵庫で。冷凍する必要はありません。

チーズのオイルマリネ

チーズ好きなお宅では、いろいろなチーズが少しずつ残ってしまうことがあります。チェダーチーズ、パルメザンチーズなど、ハードタイプのチーズをサイコロ形に切って、オイルの中に漬け込んでしまえば、それ以上発酵が進まず長く保存できます。

作り方

●チーズを2cm角程度に切りそろえ、容器に詰めます。
●ローズマリー、オレガノなどのハーブといっしょに、オリーブオイルを、チーズがひたひたになるまで注ぎます。オイルとチーズがなじめば、すぐに食べ頃。

水分の少ない野菜のオイルマリネ

カリフラワー、ニンジン、ブロッコリーなど、水分の少ない野菜は、煮立てたマリネ液でさっと火を通しそのまま漬け込みます。

マリネ液の材料

白ワインビネガー75cc
搾ったレモンジュース6個分
ローリエ1枚　コリアンダー少々　塩少々
砂糖大匙4　オリーブオイル3カップ

作り方

●マリネ液の材料をすべて合わせて煮立たせます。
●野菜を食べやすい大きさに切って、マリネ液に入れ、火を弱めて5分ほど静かに煮ます。
●火を止め、そのまま置き、あら熱が取れたら冷蔵庫で冷やします。翌日から食べられます。保存期間は冷蔵庫で2〜3日。

水分の多い野菜のオイルマリネ

水分の多い野菜は、まず野菜に塩をして水分を絞ってから、オリーブオイルで漬け込みます。

材料

好みの野菜適宜　塩コショウ少々
白ワインビネガー¼カップ
（マリネ液）ローリエ２枚
オリーブオイル１カップ

作り方

●キュウリ、ニンジン、セロリ、カブなど好みの野菜を薄く切り、塩コショウして、白ワインビネガーをかけて一晩おきます。
●翌日、野菜の水気を絞り、マリネ液に漬けます。保存期間は冷蔵庫で２〜３日。

キノコのオイルマリネ

味がしみていたほうがおいしいキノコは、調味液で味をつけてから、オリーブオイルでマリネします。

材料

シメジやシイタケ、エノキダケなどキノコ適宜
（調味液）白ワインビネガー、水各１カップ
ローリエ２枚
シナモンスティック１本
丁子少々
（マリネ液）粒コショウ10粒
オリーブオイル１カップ

作り方

●キノコは石づきを切り、食べやすい大きさに切ります。
●調味液を沸騰させ、中にキノコを入れて１分ほどゆでます。ゆで上がったらザルにあげて冷まします。
●保存容器にキノコとローリエ、シナモン、丁子も入れ、マリネ液を注いで漬け込みます。保存期間は室温で１カ月。

パプリカのオイルマリネ

パプリカはマリネしても色が変わらないので、美しい付け合わせになります。調味液で味をつけてからオリーブオイルでマリネします。

材料

パプリカ大４個
（調味液）白ワインビネガー、
水各１カップ　塩少々
（マリネ液）ニンニク１片　オレガノ１枝
オリーブオイル１カップ

作り方

●パプリカ（赤や黄の大きなピーマン）は種を取り、ひと口大に切ります。
●鍋に調味液を熱し、沸騰したらパプリカを入れて２分ほど煮ます。
●パプリカをザルにあげ、水気をふいてタッパーに入れ、ニンニク１片、オレガノ１枝、オリーブオイル１カップを注いで漬け込みます。保存期間は約１週間。

カボチャのオイルマリネ

カボチャをいったん揚げてからマリネする方法。カボチャのカロチンは油と一緒に摂ると、吸収しやすくなります。旬のカボチャで。

材料

カボチャ中１個
揚げ油用オリーブオイル適宜
（マリネ液）
A　ニンニク１片
ローズマリー１枝
オリーブオイル大匙３
B　白ワインビネガー½カップ
塩、粒コショウ、砂糖各小匙１

作り方

●カボチャは皮をむいて厚さ８mmほどのくし形に切り、オリーブオイルで揚げ、油を切って保存容器に並べます。
●鍋にAを入れて弱火で熱し、香りが出たらBを足して沸騰させ火を弱めて味をととのえ、熱いマリネ液をカボチャにかけます。保存期間は冷蔵庫で２〜３日。

野菜と揚げイワシのカレーマリネ

ボリュームがあるので、つけ合わせというよりきちんとした１品になるマリネ。前日に作っておくと味がしみておいしく、お客様をお招きしたときも余裕をもって料理できるので重宝です。

材料

タマネギ１個　赤と黄のパプリカ各２個
カリフラワー½株　イワシ大８尾
レーズン50ｇ
（マリネ液）白ワイン１カップ
白ワインビネガー½カップ
砂糖大匙２
塩小匙１¾　カレー粉小匙１½
ローリエ１枚　黒粒コショウ、
コリアンダー各20粒
水２カップ
揚げ油用のオリーブオイル適宜

作り方

❶水以外のマリネ液の材料を１分間沸騰させます。水２カップをさらに加えて、再度沸騰させます。
❷レーズンは湯で戻し、タマネギは８等分にくし形に切り、マリネ液に加えてさらにひと煮立ちさせ、火を止めます。
❸赤パプリカ、黄パプリカ、カリフラワーは大きめのひと口大に切り、オリーブオイルで中温で揚げます。
❹イワシは３枚におろして、塩（分量外）をして15分おき、水気をふいてから、ひと口大に切って揚げます。
❺熱いうちにマリネ液につけ、冷蔵庫で１日以上なじませるとおいしい。保存期間は冷蔵庫で２～３日。

18 焼く グリルする ソテーする

野菜や肉、魚をグリルするとき、オリーブオイルを塗ってから焼くと、火の当たりがやわらかくなり、中はジューシーに、外はパリッと焼き上がります。オリーブオイルにハーブの香りをつけたハーブオイルを使うとひと味違います。

また、フライパンで野菜や肉などをソテーするとき、バターとオリーブオイルを合わせると、バターだけより焦げにくく、きれいに仕上げることができます。

かけて焼くだけ

オリーブオイルをかけて焼く。シンプルな料理法ですが、逆に素材の持つおいしさを前面に出してくれます。香り高いエキストラバージンでどうぞ。

ベークドポテト

野性味たっぷりなのに洗練度がとっても高いひと皿。

材料

ジャガイモ中３個
バージンオイル大匙３（スパイシータイプ）
パルメザンチーズ少々
ローズマリー適宜
パン粉、塩コショウ各少々

作り方

●ジャガイモはよく洗って、皮つきのまま８等分に切り、やっと串が通るくらいに固めにゆでてグラタン皿に並べ、バージンオイルをまわしかけ200度のオーブンで８分焼きます。

●いったん皿を取り出し、おろしたパルメザンチーズ、パン粉、塩コショウ、ローズマリーの葉をふりかけて、さらに温度を220度までに上げたオーブンに戻して５〜６分焼きます。

久保香菜子さんのアーモンド風味あつあつカリフラワー

京都育ちの料理研究家、久保香菜子さん。味覚のベースに十代からたしなんでいるお茶と懐石料理の経験があります。和洋中からお菓子まで幅広いレパートリーですが、そのやわらかな洗練に和の伝統を感じます。日本料理は素材の新鮮さにこだわりますが、この料理もしっかり身のしまった小ぶりのカリフラワーを使い、野菜のえぐみを味わいます。手間がかからず、おしゃれでエレガント。

材料

カリフラワー中１株

アーモンドスライス少々

バージンオイル大匙４　塩コショウ少々

作り方

●カリフラワーは小房に分け、生のままグラタン皿に並べ、上からたっぷりバージンオイルをまわしかけます。塩コショウをふり、230度のオーブンで８分焼きます。

●竹串をさして火がほぼ通っていたら、アーモンドスライスをのせ、さらに弱火で１～２分、アーモンドがこんがりするまで焼きます。

グリルする

上手にグリルするコツ

グリルには欠かせないオリーブオイル。網焼きやグリルパンでグリルするときは、肉や魚、野菜にオリーブオイルを塗ってから焼きます。網やグリルパンはアツアツにしておくこと。熱し方が足りないと焦げつきます。

グリルすると、余分な肉汁が落ちてしまうので、おいしいばかりでなく、健康的です。盛りつけたときに表になる面からグリルします。まず表になる方にハケでオイルを塗ってグリルし、次に裏になる面にもオイルを塗って、ひっくりかえしてグリルします。表にきれいな焼き目をつけるため、表７分、裏３分くらいのつもりで火を通すとよいでしょう。

■グリルするとおいしいもの

牛、羊、豚、鶏などのあらゆる種類のもも肉（骨つきならなお美味）

イカ、エビ、ホタテ、イワシなどの魚介類

ピーマン、ニンジン、タマネギ、トウモロコシ、ネギなどの野菜

ハーブオイルのグリル

グリルするとき、オリーブオイルを塗るだけでもよいのですが、ハーブオイルを作ってグリルすると、がぜん味わいに奥行きが出てきます。残ったオイルは、ハーブを取り出して、キッチンペーパーで漉し、冷ましてガラス瓶などに入れておけば保存できます。あまり一度に大量に作らず、使うたびに作るつもりで。残りはグリルばかりでなく、ソテー用にも使えます。

材料

ニンニク２片　唐辛子２本
パセリ、ローズマリー、マジョラムなどのハーブ適宜
オリーブオイル１カップ

作り方

●小鍋にオリーブオイルを入れ、半分に切って包丁の背でつぶしたニンニク、種を除いた唐辛子、料理で残ったパセリの茎やローズマリー、マジョラムなど、ありあわせのハーブを入れて弱火にかけます。
●120〜130度のごくごく低温で10分ほど、ゆっくり香りをオイルに移します。高温にすると香りが移る前に焦げてしまいます。

ビステッカ・アッラ・フィオレンティーナ

ビステッカ・アッラ・フィオレンティーナは、ステーキ肉をオリーブオイルで焼いただけのシンプルなトスカーナの名物料理。脂ののったTボーンステーキ肉で作るのが理想ですが、どの部位でもおいしくできます。オリーブオイルでマリネしてあるので、肉に旨みが増します。ステーキの上からかけるのは、トスカーナらしい緑のスパイシーなエキストラバージンです。

材料　１人分

ステーキ用牛肉300〜400ｇ
エキストラバージンオイル大匙３　レモン１個　ローズマリー適宜
塩コショウ少々

作り方

❶牛肉の筋を肉叩きでたたいて切り、塩コショウします。
❷肉、搾ったレモンジュース½個分、ローズマリーの葉、オリーブオイルを合わせてファスナーつき保存袋に入れ、10分ほどおきます。
❸焼き網をよく熱してから、肉をのせてきれいな焼き色がつくまで中火で焼きます。片側に焼き色をつけたら、反対側も焼きます。
❹焼き上がったら、皿に盛り、くし形に切ったレモンを添え、もう一度オリーブオイルをまわしかけます（分量外）。

ソテーする

何でもないソテーも、オリーブオイルとニンニクやハーブで、ひと味違う料理になります。

キノコのガーリックソテー

材料
シメジ、シイタケ、マイタケなど好みのキノコ適宜
オリーブオイル、ニンニク各適宜
塩コショウ適宜
パセリやオレガノなど好みのハーブ適宜

作り方
●キノコは洗わず、汚れはブラシや湿った布などで掃除します。石づきを取り、食べやすい大きさにカットします。
●フライパンにアーリオ・エ・オーリオを作ります（→39ページ）。
●キノコをサッと炒め、塩コショウし、好みでパセリやオレガノなどのハーブをふります。

■冷めてもおいしいですが、アツアツはさらに美味。トーストしたフランスパンを添えて、オイルまでしっかりいただきます。

ホウレン草のアンチョビソテー

材料
ホウレン草１束　ガーリック１片
オリーブオイル大匙２　アンチョビ２枚
塩コショウ適宜

作り方
●ホウレン草は洗って食べやすい大きさに切り、さっとゆがいてしっかり水気を絞ります。
●フライパンにアーリオ・エ・オーリオを作り、刻んでたたいたアンチョビを加えます。
●フライパンの中で、ホウレン草をしっかり炒め、塩コショウを。アンチョビが入っているので、塩は控えめに。

■応用　ホウレン草のホットサラダ
　サラダ用のホウレン草なら、生のまま食べやすい大きさに切り、アツアツのアンチョビオイルの入ったフライパンの中で、ドレッシング感覚で和えるだけでも美味。その場合は火を通すのでなく、温める要領で。

白身魚のハーブ焼き

材料

ヒラメ、スズキ、タチウオなどの切り身２切れ
ニンニク２片　オリーブオイル大匙２
粉チーズ大匙１（パルメザンチーズをおろして粉にしたものならさらによい）
パン粉大匙４　塩コショウ少々
オレガノ、パセリ、ディルなどのハーブ適宜

作り方

❶市販のパン粉をミキサーにかけてさらに細かくし、粉チーズを混ぜます。
❷魚の切り身に塩コショウし、粉チーズ入りのパン粉を薄くつけます。
❸フライパンにアーリオ・エ・オーリオを作り、ニンニクは取り出しておきます。中火で、魚を表になる面から先に焼き、七分がた火が通ったら反対の面を焼きます。
❹魚を取り出し、アーリオ・エ・オーリオのフライパンの中に、オレガノ、パセリ、ディルなど好みのハーブを刻んだものをふり入れ、仕上げにスパイシーなエキストラバージンオイルをさらに大匙１（分量外）を加えて火を止め、魚にまわしかけます。

■鶏の手羽先や胸肉、ラムチョップ、ポークやビーフのブロックなど、何にでも応用できます。フライ用のパン粉はたくさん作ってしまっても冷凍保存できます。

19 煮る

煮物にオリーブオイルを加えると、コクが出てまろやかになります。また、日本人にはあまりなじみがありませんが、たっぷりのオイルで低めの温度のまま、ゆっくり揚げ煮するという方法も、よくやる保存食の作り方です。

オイルを加えて煮る

ゆでたり、スープで煮たりして具に半ばまで火を通し、最後にオリーブオイルを加えて煮込む方法。オリーブオイルがまろやかさとコクを出します。

温野菜のホットサラダ

みんなが大好きなカボチャとサツマイモのサラダ。ジャガイモ、ニンジン、カリフラワー、インゲンやブロッコリーなどでもおいしくできます。ハーブを変えて、セージ風味にしたりカレー風味にしても。

材料

サツマイモ200g　カボチャ200g
ニンニク2片　ローズマリー1枝
エキストラバージンオイル大匙1（スウィートタイプ）
塩コショウ少々

作り方

❶サツマイモとカボチャは皮をむいて大きめの角切りにします。
❷サツマイモはニンニクとともに鍋に入れ、ひたひたの水を注いで中火にかけます。
❸沸騰したらカボチャを加え、アクを取りながら弱火で火を通します。
❹ほぼ火が通ったら湯を半分ほど捨て、塩コショウし、ローズマリーを加え、汁気を飛ばしながら、完全に火を通します。
❺仕上げにエキストラバージンを加え、鍋をゆすって全体になじませます。

オイルで煮る

油の温度を中温に保って、じっくり時間をかけて材料に火を通します。オリーブオイルは比較的酸化しにくいので、じっくり火を通す料理にもぴったりです。

オイルサーディン

オイルサーディンは簡単に手作りできる保存食の代表。旬の新鮮なイワシが手に入ったらお試しください。アツアツのできたては、たっぷりのサラダとともにメインディッシュに。冷めたらオイルごと冷蔵庫で保存して使います。冷蔵庫で数日はもつので、サンドイッチの具やサラダの具などに便利。炊き込みごはんの具にもなります。

材料

イワシ10尾　ニンニク１片　ローリエ２枚
トウガラシ１本　粒コショウ10粒
ローズマリー、タイムなどのハーブ適宜
オリーブオイル½カップ　塩適宜

作り方

●頭と尾を落とし、内臓を取ってきれいに洗ったイワシに、たっぷり塩をして、30分おいて、身をしめます。

●塩を洗い流して、水気をしっかりふきます。鍋にイワシを並べて、ひたひたにオイルを注ぎます。

●ニンニクはスライスし、ほかのハーブも入れて160度くらいの温度を保ちながら、30分ほどじっくり揚げ煮します。

■オイルサーディンのパスタ

フライパンでアーリオ・エ・オーリオを作り、身をほぐしたオイルサーディン、パスタのゆで汁、１人分大匙１を加えて、弱火でよく混ぜ、さらに松の実、レーズンも加えます。このソースでパスタを和え、最後にみじん切りのパセリをたっぷりふります。自家製オイルサーディンのオイルで、同じようにパスタを和えてもよいでしょう。

ジャガイモ入りオムレツ（トルティーリャ）

スペインにはお酒を飲みながら軽く食事のできるバールがたくさんあります。そんなバールでよくお目にかかる、好きなものを少しずつ小皿に取り分ける料理がタパスとよばれる料理。そのタパスに欠かせないのが、具だくさんのスペインオムレツ、トルティーリャ。中でもほくほくジャガイモのトルティーリャは、定番中の定番。冷めてもおいしいけれど、家庭で作るなら、ぜひアツアツを。ポイントは、ジャガイモを先にオイル煮してから、卵液を合わせて半熟オムレツを作ること。

材料

卵６個　ジャガイモ中１個

タマネギ中½個　ニンニク１片

オリーブオイル¾カップ　塩小匙¾

作り方

❶皮をむいたジャガイモを３mmの輪切りにします。水にさらさないこと。タマネギは粗みじん切りに、ニンニクはみじん切りに。

❷フライパンにオリーブオイルを入れ、温まったら塩、次にジャガイモを入れ、160度くらいの弱火でゆっくり揚げ煮します。温度を上げすぎると外側だけ焦げて、中まで火が通りません。

❸２～３分したら、ジャガイモを煮ているオイルの中に、タマネギとニンニクを入れます。

❹ボールに卵をわりほぐしておきます。

❺ジャガイモに火が通ったら、穴あきの玉杓子で油を切りながら引き上げて、すぐにそのまま卵液の中に入れます。このとき、ヘラでジャガイモをざくざく潰すようにしながら混ぜます。卵液は具の熱で半熟状態に。具を取り除いたオイルはそのままとっておきます。

❻別のフライパンにそのオリーブオイルを大匙３入れて熱し、ジャガイモの入った卵液を入れ、周囲が固まったらかきまぜて、へりを中に折り込むようにして、蓋をして中火でしばらく焼きます。

❼形が定まったら、フライパンを揺すりながら、オムレツをすべらせるようにして大きな皿か蓋に取り出し、その上にフライパンをかぶせて裏返し、反対側を焼きます。

❽オムレツが大きいので、中が半熟状態になるまで時間がかかります。何度か表と裏を返しながら、表面にこんがり焼き色がつくまで焼きます。

■トルティーリャは、具を変えれば無限のバリエーションが可能です。ピーマンとハム、ホウレン草、カリフラワーとアンチョビなどなど。具はだいたい火を通しておいてから卵液に加えること。オイルにはタマネギとニンニクを加えて風味をつけておくことがポイントです。

20 揚げる

揚げ物には天ぷら油やサラダ油を使うという方も、ぜひオリーブオイルの揚げ物をお試しください。主成分のオレイン酸が熱に強く、酸化されにくく、また油が揚げ物の表面にとどまり中までしみ込みにくいためヘルシーです。

揚げ物にはピュアオリーブオイルと言われますが、実は抗酸化成分が豊富なエキストラバージンも揚げ物に向いています。ただし精製をしていませんから、180度を越えると煙が出始めます。この180度はちょうど揚げ物に最適の温度ですから、火加減に注意して煙が出ないようにすれば上手にできます。ただし未濾過のエキストラバージンはかなり低い温度から煙が出始めるので不向きです。揚げ物はなるべく少なめのオイルですること。使い残しのオイルはソテーなどで早めに使ってしまうこと。揚げ物用のエキストラバージンは高いものを使う必要はありません。

ピュアオイルの抗酸化成分はエキストラバージンより少なくなりますが、主成分のオレイン酸そのものが酸化に強いので、同じく揚げ物に向いています。精製油の割合が高いので、220〜230度までは煙が出ませんが、必要以上に加熱しないようにしましょう。

フライドポテト ローズマリー風味

定番のフライドポテトも、オリーブオイルで揚げてローズマリーの風味をつければ、りっぱなサイドメニューになります。

材料

ジャガイモ２個　ローズマリー３枚　塩少々　オリーブオイル適宜

作り方

●ジャガイモは皮をむき、食べやすい大きさに切って、しばらく水にさらしてザルにあげ、キッチンペーパーで水気を取ります。

●鍋にオリーブオイルを熱し、ジャガイモを160度の低温でゆっくり揚げます。火が通りかけたら油の温度を180度に上げ、カリッと仕上げます。

●ローズマリーの枝をしごいて葉をはずし、熱いうちに、塩といっしょにふりかけます。

魚介のフリッター

フリッター、つまり天ぷらは地中海沿岸で魚介を食べるときの定番。小魚をカラッと揚げて塩味でいただきます。

材料

ワカサギ250g　小エビ250g
塩コショウ少々　コーンスターチ大匙4
ベーキングパウダー小匙2　卵白1個分
ニンニクのみじん切り1片分
オリーブオイル適宜

作り方

❶ワカサギはペーパータオルで水気をふき、塩コショウをふります。
❷小エビは頭を取り、殻をむき、塩コショウをふります。
❸鍋にオリーブオイルを入れ、180度まで熱します。
❹卵白をしっかり泡立て、そこにコーンスターチとベーキングパウダー、みじん切りしたニンニクを混ぜて衣を作ります。ワカサギ、小エビにこの衣をつけ、香ばしく揚げます。ペーパータオルの上で油を切り、皿に盛ります。

小さなコロッケ

タラの入った小さな親指くらいの大きさのコロッケは、スペインの定番アンティパストです。大きなコロッケよりずっとエレガント。いくらでも食べられます。タラの代わりに、炒めたタマネギとひき肉、ツナの缶詰など、いろいろ応用がききます。

材料

ジャガイモ3個　タラ100g　卵1個
パン粉1カップ　小麦粉少々　塩少々
オリーブオイル適宜

作り方

❶ジャガイモはゆでて、皮をむき、裏ごしするか、よく潰します。
❷タラもさっとゆがき、ペーパータオルで水気をふいて、皮と骨を除いて細かくほぐします。（スペインでは塩タラを使います。塩タラの場合は、水に浸けて塩ぬきしてからゆでます。）
❸ジャガイモ、タラ、卵黄、塩少々をよく混ぜ、親指の先ほどの小さい俵型にまとめて小麦粉をまぶします。これがコロッケの中身。
❹卵白をとき、コロッケの中身をくぐらせ、パン粉をつけて、180度のオリーブオイルでカリッと揚げます。具にはほとんど火が通っていますから、衣がよい色に揚がればＯＫです。

21 地中海風米料理

地中海地方にはオリーブオイルを使ったおいしいお米料理のレシピがいくつもあります。リゾットはイタリアのお米料理の代表。パエリアやアロースはスペインのお米料理の代表です。

季節野菜のリゾット

リゾットは、米を炒めて季節の具を加えてスープで炊きます。日本でいったら、炊き込み雑炊とでもいったところでしょうか。

魚介やハムなど味の強い具を入れて作るときは、アーリオ・エ・オーリオで風味をつけ、米を炒めます。グリンピースやアスパラガスなど、甘みのあるマイルドな具を入れるときは、オリーブオイルとバターを半々に合わせて、タマネギを炒めて香りを出し、米を炒めます。具が野菜ばかりで、仕上げにコクがほしいときは、できあがりにバターをひとかけ落としたり、たっぷりチーズをふりかけます。

リゾットはバターの文化圏に近い北イタリアの料理。オリーブオイルはバターやチーズと組み合わせても相性のよいものです。

グリンピースやアスパラガスのリゾットは春の訪れのシンボル。キノコやアーティチョークは夏から秋にかけて。タケノコ、カボチャ、日本の食材も使って、自由なリゾットを作ってみてはいかがでしょう。

材料

バター30ｇ　オリーブオイル大匙２
タマネギ½個　白ワイン１カップ
米１カップ
スープストック１カップ（固形スープをといたものでも可）
季節の野菜（カボチャ、アスパラガス、グリンピースなど）適宜
パルメザンチーズ30ｇ　塩コショウ少々

作り方

❶鍋にバターとオリーブオイルを入れ、バターが溶けたらみじん切りのタマネギを中火で透き通るまでよく炒めます。
❷米は洗わずにそのまま鍋に入れ、透き通るまで炒めます。
❸好みの季節野菜（ニンジン、カボチャ、

アスパラガス、グリンピース、シイタケ、シメジなど）を１cm 角程度の大きさに切りそろえて加え、さっと炒めます。
❹白ワインをひたひたに加え、火を強め、ふつふつ煮立ったらすぐ火を弱め、そのままアルコールを飛ばします。水分が少なくなってきたらスープストックを足しながら、米が八分通りやわらかくなるまで煮ます。
❺削ったパルメザンチーズか粉チーズを入れ、塩コショウで味をととのえます。

カラフルなライスサラダ

イタリア人が「ウニコ・ピアット」、つまり栄養満点のワン・ディッシュ・ディナーと呼ぶのがライスサラダ。お米も野菜感覚です。手軽なランチにもぴったり。作ってから１日おくと味がなじんで、よりおいしくなります。うるち米より粘り気の少ない米で作る方がよくできます。最近はイタリア米なども小袋で売っていますから、ぜひ試してください。

材料

すし飯程度に固めに炊いたごはん３膳分
固ゆで卵２個　アスパラガス４本
赤ピーマン１個　キュウリのピクルス１本
ハムかソーセージのスライス50ｇ（モルタデッラハムやボローニャソーセージなど）
チーズ50ｇ　パセリ２枝
エキストラバージンオイル⅓カップ（スウィートタイプ）
白ワインビネガー⅓カップ
塩コショウ少々

作り方

●固ゆで卵、ゆがいたアスパラガス、赤ピーマン、ピクルス、ハムかソーセージ、チーズはいずれも1.5cm 角に切りそろえます。
●ボールにご飯をほぐし、材料すべてを入れてさっくり混ぜます。
●エキストラバージンオイル、ビネガー、塩コショウで味をととのえ、みじん切りしたパセリをふりかけます。

ドス・ガトス高森敏明さんのフライパンで作る鶏肉と夏野菜のパエリア

吉祥寺にある日本でおそらく一番古いスペインレストラン、ドス・ガトス。大鍋で出てくるパエリアが大好評。シェフの高森敏明さんにおいしいパエリアの作り方を教えてもらいました。オリーブオイルがお米をコーティングして粘りを抑えます。そして最後にエキストラバージンを調味料としてひとふり。パエリア鍋がなくてもＯＫ。「スペインには肉と野菜のパエリアがたくさんあります。野菜は季節に合わせて工夫してください。チキンブイヨンは家庭ではインスタントでもいいかな」。

材料

米1.5カップ
チキンブイヨン４カップ
タマネギ、トマト各½個（すべてみじん切り）
ニンニク１片（みじん切り）
鶏モモ肉160g
大きめの赤ピーマン½個　ズッキーニ⅓本
ニンニクの芽２本
モロッコインゲン４本
オリーブオイル適宜　塩コショウ、サフラン各少々
白ワイン大匙１
飾り用のレモンとパセリ適宜

作り方

❶米にオリーブオイル小匙１を絡めておきます。米は洗いません。
❷ひと口大に切った鶏モモ肉を塩コショウし、オリーブオイル少々を入れた直径30cmくらいのフライパン（あればパエリア鍋）で表面に焼き色を付けます。いい色になったら、別の皿に取っておきます。
❸同じパエリア鍋にオリーブオイルをさらに大匙１弱加えて、弱火でみじん切りのタマネギ、ニンニクをじっくり炒めます。トマトを加えてさらに炒め、白ワインを加えて煮詰め、風味を足します。
❹赤ピーマンは種を取り１㎝幅に、ズッキーニは縦に４つ切りにして、ニンニクの芽、モロッコインゲンと同じく６㎝長さに切っておきます。
❺❸のフライパンにチキンブイヨン３カップを強火で沸騰させ、米、サフラン、鶏肉以外のその他の具をすべて入れます。
❻再び煮立ったら、弱めの中火で12分煮ます。途中スープが足りなくなってきたらチキンブイヨンを足します。味を見ながら塩を足し、９割がた味をととのえます。
❼❻の上に鶏肉をのせて弱火にし、アルミホイルで蓋をして５分ほど煮たら、火を止め、そのまま５分ほど蒸らします。
❽蓋を外して、香りのよいエキストラバージンオリーブオイル大匙１をまわしかけ、再び蓋をして、中火でフライパンの底に火をあて、少しおこげを作ります。おこげがおいしい！
❾蓋を外し、くし形に切ったレモンとパセリをあしらってフライパンごとテーブルへ。

22 和の食材と合わせる

オリーブオイルは、意外にも、醤油や味噌、豆腐など、和の食材ともたいへん相性がよいのです。

一般的に、発酵した食品とは相性がよく、酒粕や塩辛などともよく合います。オリーブオイルとゴマ油と半々に合わせるのも、味に複雑な奥行きが出ておいしいもの。スパイシーなタイプのオリーブオイルは、果実からくるえぐみのようなものを持っていますから、強くはっきりした味わいを持つものと合わせるとバランスが取れます。マイルドなタイプのオリーブオイルは、豆腐など淡泊なものにコクを添えます。

和の食材とオリーブオイルを合わせるいちばんの楽しさは、おなじみの食材から今までとは違う味わいを引き出せること。この楽しさを知ると、新しい組み合わせをどんどん試したくなります。

新しい組み合わせには、新しい食べ方も工夫したいもの。たとえばエビの天ぷらをオリーブオイルで揚げたときは、天つゆと大根おろしではなく、塩とコショウ、レモン、あるいはユカリなどと組み合わせる方がおいしい。

和の食材とオリーブオイルは、ぴったりマッチすると、今までにないおいしさが生まれます。ヘルシーなオリーブオイルで、お年寄りから子供まで誰もが喜ぶオリジナルメニューをたくさん作って、ぜひ毎日の食卓にのせてください。

オリーブレモン醤油

レモンの風味のすっきりしてエレガントなドレッシング。白身魚のお刺し身や生ガキなどにぴったりです。

材料

レモンジュース１個分
すりおろしたレモンの皮½個分
オリーブオイル½カップ
薄口醤油小匙２　塩コショウ少々

作り方

●レモンジュース、薄口醤油にオリーブオイルを少しずつ加え、泡立て器でよく混ぜます。
●すりおろしたレモンの皮、塩コショウを合わせてさっと混ぜます。

オリーブ白和え

材料

スモークサーモン100g
スモークチーズ100g　アンチョビ２枚
豆腐½丁　オリーブオイル大匙２
ケッパー少々　塩コショウ少々

作り方

●豆腐は重しをして十分に水気を切っておきます。叩いたアンチョビ、オリーブオイル、塩コショウを合わせてよく混ぜる。
●スモークサーモン、スモークチーズは１cmの角切り。ケッパーを合わせてさっと和えます。

スモークサーモンのお寿司

スモークサーモンを使ったエスニックなお寿司は、インターナショナルジャパニーズ。いつものちらし寿司に飽きてしまったら、こんな組み合わせが新鮮です。

材料

米３カップ　水３カップ
（寿司酢）酢大匙３　塩小匙１½
砂糖大匙１
エキストラバージンオイル大匙１
ゴマ油大匙１
（具）スモークサーモン250g
ケッパー大匙１　ディル少々
キュウリのピクルス２本
錦糸卵、針ショウガ、ゴマ各適宜
（合わせ醤油）酒、みりん各大匙１
醤油大匙２

作り方

●米を同量の水で固めに炊き上げ、10分ほど蒸らしてから、寿司酢を混ぜます。
●スモークサーモンは食べやすく薄切り、刻んだピクルス、ケッパー、ディル、ゴマをごはんに混ぜます。
●針ショウガと、錦糸卵をあしらい盛りつけます。

■具はアボカド、マグロ、オリーブのピクルス、シソなどの組み合わせでも美味。おなじみの具にルーコラやバジリコなど、オリーブオイルに合うハーブなども組み合わせて、新しい味を楽しみましょう。生ハムでくるんだお寿司などもおいしいもの。

味噌漬けオリーブ風味

和風の味噌漬けは甘口のものが多いですが、オリーブオイルには仙台味噌、信州味噌、八丁味噌など辛口の味噌がよく合います。オリーブオイルが加わると、ひと味違うコクが出ます。漬け込む肉や魚なども、身が締まりすぎることなくやわらかく保存できます。味噌漬けのまま冷凍しておけば、食べたいときに解凍すればよいのでとても便利です。

材料

(味噌ペースト)

みりん大匙5　味噌150g
砂糖大匙3
エキストラバージンオイル大匙3

(漬けるもの)

脂ののったキングサーモンの切り身
銀ダラの切り身
鶏手羽先など好みのもの

作り方

❶みりんは電子レンジに2分かけてアルコールを飛ばし、冷ましておきます。
❷味噌に冷ましたみりん、砂糖、エキストラバージンオイルを混ぜます。
❸魚の切り身や手羽先に味噌オイルを塗ってファスナーつき保存袋に入れ、冷蔵庫で2日ほど漬け込みます。冷凍する場合は、漬け込んで味をなじませてから冷凍庫へ。
❹冷凍してある場合は電子レンジで解凍し、味噌を洗い落としてペーパータオルで水気をふきとって焼きます。

鶏そぼろあん

オリーブオイルで作る鶏そぼろあんは、揚げナスや、カボチャの煮物など、何にでもよく合う濃厚な味わいが自慢。オリーブオイルは風味がしっかりしているところがゴマ油と似ています。ニンニク、ネギ、ショウガなどともよく合い、ゴマ油で作れる料理は、たいていオリーブオイルでもおいしく作れます。この鶏そぼろあんに合わせるときは、ナスを揚げるのもオリーブオイルで。煮物や炊き合わせにも大匙1程度のオリーブオイルを加えて調理すると、しっくりします。

材料

鶏ひき肉200g　ネギ½本　ショウガ½片
ニンニク1片　オリーブオイル大匙2
酒、みりん各大匙2　薄口醤油大匙1
だし汁100cc　片栗粉小匙1

作り方

❶オリーブオイルをフライパンに熱し、鶏ひき肉を炒めます。
❷ネギ、ショウガ、ニンニクをみじん切りにして加え、炒めます。
❸香りが立ってきたら、酒とみりんを加えて煮立て、そこに薄口醤油を加えます。
❹だし汁を加えて煮立て、水溶き片栗粉を加えてさらに煮立てます。
❺揚げナスなど好みの料理の上にアツアツの鶏そぼろあんをかけます。

富永典子さんの
アボカド豆腐サラダ

友人の富永典子さんは和食をこよなく愛するフランス人のご主人と東京で結婚し、今はパリで暮らしています。というわけで、典子さんの料理はいつもユニークなフレンチジャパニーズ。そのときそこにある材料で自由に作るので２度と作れない幻の傑作が多い中、皆にせがまれて繰り返し作るうちに定番になったのがこのサラダ。火も使わず、あっという間に作れて、いつもの豆腐がおしゃれなひと皿に大変身。

材料

木綿豆腐１丁　熟れたアボカド１個
レモンジュース½個分　松の実50ｇ
レーズン30ｇ　オリーブオイル適宜
塩コショウ少々
セルフィーユとディルなどのハーブ適宜
パプリカパウダー、チリパウダー各適宜

作り方

❶豆腐はしっかり水気を切っておきます。
❷アボカドは皮をむき２cm角に切り、レモンを絞っておきます。
❸ボールに豆腐を手で崩し入れ、アボカド、松の実、レーズン、刻んだハーブを入れ、オリーブオイルで和え、塩コショウで味つけします。
❹器に盛り、パプリカパウダーとチリパウダーを一面にかけ、あしらい用のハーブをちぎって天に盛ります。

白身魚のカルパッチョ

カルパッチョは薄づくりのお刺し身です。ヒラメ、スズキ、タイなどの白身魚のお刺し身は、醤油とわさびで食べてもおいしいけれど、オリーブオイルのソースでいただくのも新鮮です。

材料

ヒラメ、スズキなど好みの白身魚の薄づくり
ルーコラ１束　レモンジュース½個分
エキストラバージンオイル大匙４（スウィートタイプ）
塩コショウ少々

作り方

●ルーコラを食べやすい大きさに切って皿に並べ、その上に白身魚の薄づくりをあしらいます。
●レモンジュースにオリーブオイルを混ぜ、塩コショウで味をととのえ、魚の上にまわしかけます。

ダ・フィオーレ眞中秀幸さんの焼きナスのスープ、オリーブオイル風味

和の食材を取り入れた繊細なイタリアンに魅了されてしまう表参道のレストラン、ダ・フィオーレ。シェフの眞中秀幸さんに旬の野菜の風味をオリーブオイルとともに楽しむ、とっておきのスープの作り方を教えてもらいました。

「旬の野菜の風味をいただくスープです。野菜は、春ゴボウ、シイタケ、ソラマメなどその時々のものを、焼く、炒める、ゆでるなど、素材感がいちばん出る方法で火をいれます。だしは春から初夏まではアサリ、秋からは鶏ガラ系で。だしを控えめにして、さらりと仕上げるのがフィオーレ流です」。繊細なひと皿なので、オリーブオイルは必ずエキストラバージンを！

材料

ナス４本（長ナス系のねっとりした品種。米ナス系はＮＧ）
タマネギ½個
オリーブオイル大匙２
粉末チキンブイヨン少々
水、塩、ショウガ汁各適宜

作り方

❶ナスは皮のまま網で焼いて、中までしっかり火を通します。皮は焦げてもかまいません。
❷焼きあがったナスはそのままアルミホイルで包んで10分程置いておき、焦げた皮の香ばしい香りをナス全体に移します。
❸鍋にタマネギのスライスとエキストラバージンオリーブオイルを入れて蓋をして弱火にかけます。ときどきかき混ぜながら蒸し焼きの要領で炒めます。かき混ぜるとき以外は蓋をして蒸気を逃がさないようにするとタマネギがトロッと仕上がります。焦がさないよう、必要なら水を少々加えてもよいでしょう。
❹ナスの皮をむき、四等分にして❸の鍋に入れ、チキンブイヨン少々と水をひたひたになるまで加え、軽く煮合せます。だしの味が前に出すぎないように量は控えめに。
❺これを漉し器で潰すかミキサーにかけるなどしてピュレ状にして、塩と水で好みの濃度、塩味にととのえます。水の量であっさりにも濃厚にもできます。最後にショウガ汁少々で香りをつけます。
❻皿に盛り、エキストラバージンオリーブオイルをスープの上に浮かべます。

23 パンを焼く

オリーブオイルを練り込んだパンなら、めんどうなガス抜きいらず。オリーブオイル入りのパンはパン作りのルーツに近く、素朴でシンプル。気軽に焼くことができます。

フォッカッチャ

イタリアのシンプルなパン。すぐに焼けるので、アツアツのできたてを食べる楽しみもあります。小麦粉のおいしさ、オリーブオイルのおいしさを味わってください。

材料

A　強力粉200ｇ　ドライイースト３ｇ
　砂糖大匙１　塩小匙１
　オリーブオイル大匙⅔　水150cc
オリーブピクルス
ローズマリー、ディル、セージなど
ハーブ適宜

作り方

❶ボールにＡの材料をすべて入れてこねます。
❷まとまってきたら、ボールから取り出して耳たぶほどのやわらかさになるまで10分ほどこねます。
❸パン種をきれいに丸め、つぎ目を下にしてボールに入れラップをして、暖かい所で、生地が２倍にふくらむまで発酵させます。
❹生地を取り出し、つぶさずに４等分にし、きれいに丸めます。
❺生地にラップをかけ10分休ませます。
❻めん棒で生地を直径13cm の円に伸ばし、ラップをかけて20分発酵させます。
❼塩水を塗り、指でくぼみをところどころに作り、種を抜いたオリーブピクルスのスライス、ローズマリー、ディル、セージなど好みのものをのせます。
❽220度のオーブンで15分焼きます。

アラビアパンまたはピタパン

焼き上げるとまんなかにポケットのような空間ができて、サンドイッチにぴったりのアラビアパン。オリーブオイルで簡単に焼くことができます。

材料

A　強力粉250ｇ　ドライイースト６ｇ
　　砂糖小匙１　塩小匙１

B　オリーブオイル大匙１⅔　水150cc

作り方

❶ボールにAの材料をすべて入れて、よく混ぜ、中央にくぼみをつけ、Bを混ぜたものを入れます。

❷ボールの中で全体をよく混ぜ、まとまってきたら、台の上に移し、耳たぶくらいのやわらかさになるまで10分くらいこねます。

❸パン種をきれいに丸め、つぎ目を下にしてボールに入れ、ラップをして、暖かい所で、生地が２倍にふくらむまで発酵させます。

❹生地を取り出して、つぶさないように８等分に切り分け、きれいに丸めます。

❺生地にラップをかけ10分休ませます。

❻めん棒で生地を直径12cmの円に伸ばし、そのままフキンをかけて30分発酵させます。

❼220度のオーブンで５分ほど焼きます。

❽焼き上がったら冷まして半円形に２等分し、ポケットを開きます。好みの具を用意しておき、ポケットに詰めてどうぞ。

24 デザートも おまかせ

オリーブオイルはもともと果実のフレーバーたっぷりのフレッシュオイルジュースです。だから、もちろん、デザートもお得意です。

オリーブオイルのパウンドケーキ

サラダオイルを使ってパウンドケーキを焼いていた方は、ぜひオリーブオイルを使ったケーキをお試しください。オリーブオイルのおかげで、上等のアーモンドパウダーを使ったようなコクと深みが出ます。一度作ると、もうほかのオイルは使えません。オリーブオイルはナチュラルな風味が魅力。白砂糖よりむしろ黒砂糖、三温糖、キビ砂糖などがマッチします。ここではドライフルーツとナッツを使っていますが、粗くつぶしたバナナ、ニンジンのグラッセなどを入れてもよいでしょう。

材料

オリーブオイル½カップ　黒砂糖100g
卵２個　塩小匙⅓　小麦粉１カップ
ベーキングパウダー小匙½
シナモンパウダー小匙½
刻んだくるみ⅓カップ
好みでドライフルーツ、ナッツなど適宜

作り方

●黒砂糖、卵、塩、オリーブオイルをボールに入れ、もったりするまでよく混ぜます。
●小麦粉、ベーキングパウダー、シナモンパウダーをふるって、上記のボールに加え、さっくり混ぜ、刻んだくるみ、ドライフルーツ、ナッツなどを加えます。これでケーキ生地はできあがり。
●オイルを塗って小麦粉（分量外）をふったパウンド型に、生地を流し込み、160度のオーブンで30分くらい焼きます。竹串をさして何もついてこなければ焼き上がり。熱いうちに型からはずして冷まします。

オレンジコンポート

オレンジに蜂蜜とオリーブオイルをかけるのは、アンダルシアでよく食べられるデザートです。

材料

オレンジ２個　グレープフルーツ２個
レモン１個
オリーブオイル大匙２（スウィートタイプ）
コアントロー大匙２
粉砂糖またはハチミツ適宜

作り方

●オレンジとグレープフルーツは皮をむき、小袋から実をひとつずつ取り出してボールに入れます。

●粉砂糖をふり、レモンを絞って、コアントローをふりかけます。オリーブオイルをかけて、食べる直前まで冷蔵庫でマリネします。

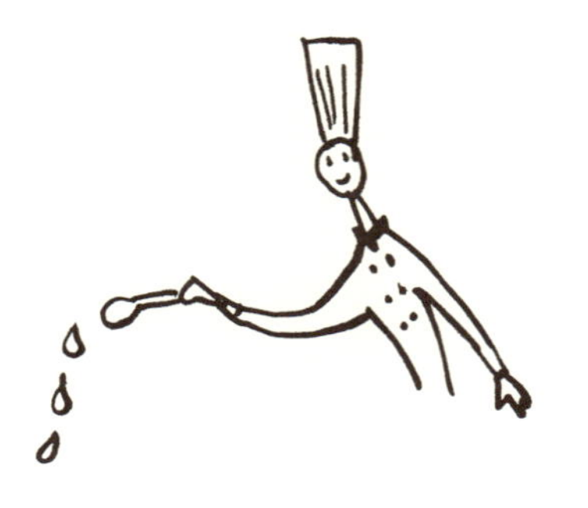

ベークドフルーツ

さっと火を通したフルーツは、生で食べるのとはまた違ったおいしさがあります。火を通しすぎるとやわらかくなりすぎてしまうので、ちょうど中まで熱が伝わったくらいがおいしいです。オイルとバターを半々に合わせると、焦げつきにくく、よりさっぱりした仕上がりになります。フルーツは洋梨、りんご、いちじく、桃、オレンジ、バナナ、プラムなどが美味。１種類でもいいし、いくつか組み合わせても。

材料

フルーツ適宜　ナツメッグ少々
シナモン少々　砂糖大匙½
白ワイン½カップ　レモンジュース少々
エキストラバージンオイル少々（スウィートタイプ）
バター少々

作り方

❶フルーツは皮をむき、食べやすい大きさに切り分け、色が変わらないようにレモン汁をかけておきます。

❷フライパンにバターとオリーブオイルを熱し、フルーツを入れ、皿に盛ったとき上になる方に、強火で焦げ目をつけます。

❸ナツメッグ、シナモン、砂糖をふり、白ワインを注いで、蓋をして軽く蒸し焼きにします。

❹皿にもったフルーツに、好みでオリーブオイルをかけて食べます。

第4章

世界のオリーブオイル

世界中においしいオリーブオイルがたくさんあります。土壌や気候、そこで栽培される品種の違いなどによってオイルの風味は少しずつ違います。この章は、産地別のオリーブオイルのガイダンス。お気に入りのオリーブオイル探しのヒントにしてください（掲載商品の仕様その他は変更されることがあります。また価格は税の有無も含めメーカー表示に従っています）。

25 世界のオリーブ産地

オリーブの栽培地は地中海沿岸を中心に広がっています。厳しい乾燥にも耐えるたくましい植物で、アメリカ、オーストラリアや中国、南アフリカなどにも栽培地を広げています。

世界のオリーブオイル生産量の１位はスペイン。世界全体の生産量の４分の１を占めると言われるアンダルシアを擁しています。２位のイタリアは生産量ではスペインに次ぐものの、有名産地が各地に点在し、バラエティーに富んだ味わいを競っています。日本に輸入されるのは、イタリア産とスペイン産が中心。ギリシャやフランスのオリーブオイルも、品ぞろえの豊富な食料品店の棚に並んでいます。最近生産量を伸ばしているのがチュニジア。トルコやシリアも安定した生産量があります。アルゼンチン、チリなどのオリーブオイルはなかなか手に入りにくいので、ぜひ旅行のお土産に。日本国内のオリーブオイル生産も軌道に乗ってきました。まだ生産量は少ないですが、日本でも産地でオリーブオイルを買う楽しみが味わえるようになりました。

オリーブオイルの主な産地（資料：国際オリーブオイル協会、イタリア貿易振興会）

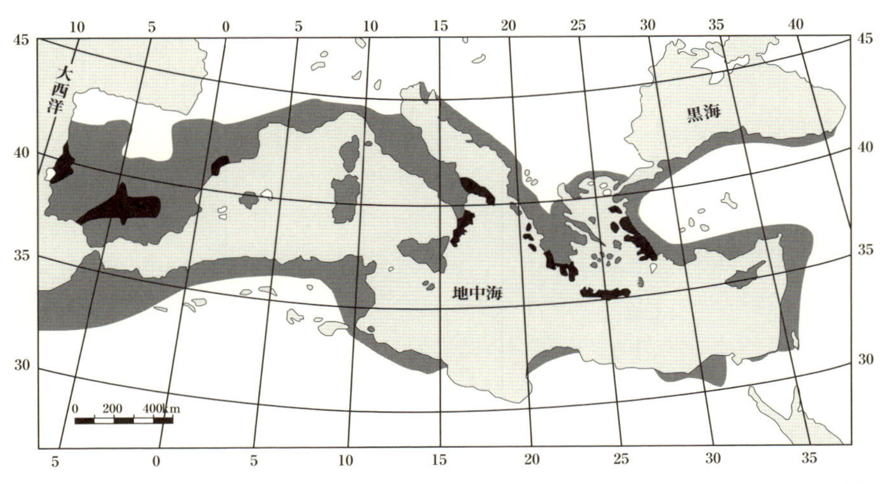

26 スペイン

オリーブオイルの生産量第1位はスペインです。この国が世界有数の産地であるのは今に始まったことではなく、紀元1世紀、ローマ時代には、すでにバエティカ、今のアンダルシア地方がオリーブの産地としてよく知られており、オリーブオイルを満載した船がローマとの間を行きかっていました。ポンペイの遺跡でアンフォラと呼ばれる油などを入れるのに使われた大きな甕が発掘されていますが、甕にはバエティカと名前が記されています。アピキウスの最古の料理書にも、イスパニア、つまりスペインのオイルが最高だと書かれています。アンダルシアには一面に連なる広大なオリーブ畑があり、世界のオリーブオイルの25%を生産しています。国連の機関である国際オリーブ協会IOC（International Olive Council）の本部はスペインのマドリードにあります。

スペインがオリーブオイルの品質を保証する原産地呼称（DO）制度をスタートさせたのは、EUが原産地呼称保護（DOP）制度を始めるより10年以上も早く、また有機栽培認証も国家としてはどこよりも早くスタートさせました。ことオリーブオイルに関し意識の高い進んだ国です。

スペインはローマ時代から生産に適した土地としてオリーブ栽培を進めてきた長い歴史があり、国内の消費量をおぎなっても余りあるオリーブオイルは重要な輸出品でした。従来は樽のままアメリカやイタリア、フランスなどへ輸出されてそこで製品化されることが多かったのですが、今はスペインブランドがしっかり確立され、国際コンクールで高く評価されるオリーブオイルが多数生産されています。

日本に輸入されるオリーブオイルの量は長くイタリア産が首位でしたが、次第にスペイン産が伸びて2014年に逆転、2015年には売上額でもスペイン産が首位になりました。スペイン産のオリーブオイルは価格が手頃で、受賞歴のあるオイルでも意外に手に入りやすい価格であることが多いのでぜひ見かけたらお試しください。

スペインのオリーブ産地はレリダを中心とする北部のカタルーニャ地方と、ハエンを中心とする南部のアンダルシア地方がメイン。そして、フランス国境に近いナバラ、中央部のトレド周辺にも広がっています。

全国で32の地域が原産地呼称保護地域とされています。

北部――カタルーニャ・リオハ・バレンシア

地中海に面したカタルーニャ地方は、イタリアのリビエラ、フランスのニースから地中海の沿岸に沿って西へたどったところにあり、海岸線から内陸の高地にむかってオリーブを栽培しています。栽培の中心は海岸線から少し内陸に入ったレリダで、周辺にはレス・ガレゲスと、シウラナ、フランス国境沿いにオリ・デ・エンポラーダが原産地呼称保護地域となっています。カタルーニャに接してさらに内陸のワインの銘醸地で有名なリオハ、地中海沿いにさらに南下したバレンシアも産地として知られています。

この地方の主要品種

アルベッキーナ（Arbequina）……カタルーニャといえばアルベッキーナ。冬の低温と乾燥に強く、北スペインの気候に合う品種です。果実は小粒で野生種に近いといわれ、枝離れしにくく、手摘みで収穫しなければならないので手間がかかります。しかし、トマトや青リンゴのようなすがすがしい香り、後味にアーモンドのようなまろやかな甘い風味で人気が高く、他のオイルに比べて高めの価格で取引されます。現在ではスペイン全土で栽培に取り組まれていますが、やはりここがアルベッキーナの故郷。カタルーニャをはじめ、周辺地域の原産地呼称保護銘柄はアルベッキーナの構成割合が細かく規定されています。

代表的なオリーブオイル

シウラナ　原産地呼称保護（DOP）地域

早くから指定された地域で、地中海沿岸からレリダの州境まで。アルベッキーナを栽培しています。

オレアウルム

Oleaurm

Olis de Cataluna 社製　￥3024／750ml

アルベッキーナ種

㈱サス　☎03-3552-5223

■アルベッキーナのさわやかな風味を堪能できるエキストラバージン。DOP 指定地域のシウラナの生産者協同組合が作っている。ノーベル賞授賞式の晩餐会で使われたオイル。

ウニオ

Unió

Unió Agrária Cooperativa 社製　￥2310／500ml

アルベッキーナ種　100%

㈲ペスカ　☎0463-93-6005

■シウラナ地域で生産される DOP 指定銘柄。手摘みしてその日のうちに圧搾。フレッシュで青々した香りと熟したオリーブらしい豊かな風味。パンにつけてオイルの風味を楽しんだり、野菜サラダや魚介の前菜などに。2015年ニューヨーク国際オリーブオイル・コンクール金賞。

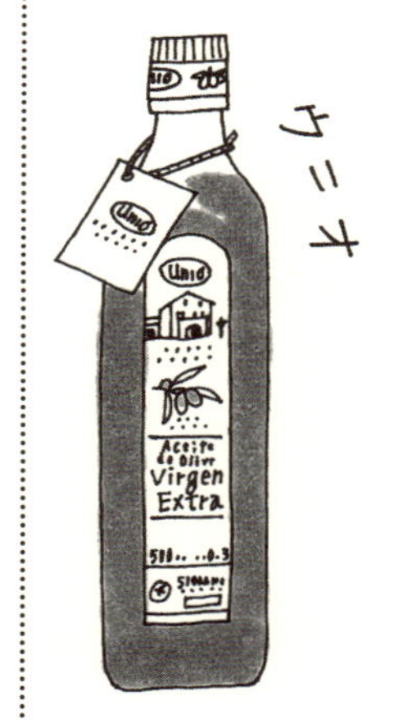

南部――アンダルシア

ハエンとバエナを中心とするアンダルシア地域はスペイン最大の、言いかえるなら世界最大のオリーブ産地です。生産量はスペイン全体の75%、世界の25%を占めます。この地はローマ時代からバエティカと呼ばれ、オリーブの一大産地でした。オリーブ栽培技術を最初に伝えたのはアラブのイスラム勢力。夏のアンダルシアはフライパンと呼ばれるほど、暑く乾燥した気候が続きますが、その中でひたすら青々と葉を茂らせているのがオリーブの木です。夏暑く冬寒冷な気候はオリーブ栽培に最適。もちろん、乾燥が続きすぎると果実の育ちが悪くなり、苦みの多いオイルができあがるので最近は政府が強力にバックアップして、灌漑設備の普及が進んでいます。

この地方の主要品種

ピクアル（Picual）……スペインでもっとも一般的に栽培されている品種で、ハエンの97%はこの品種。緑がかった黄色のフルーティーなオイルで、やや苦みがあります。

ピクード（Picudo）……よく熟したフルーティーなオイル。コルドバやバエナの指定品種。

オヒブランカ（Hojiblanca）……寒暖差の激しい地域でよく耐える強い品種。

代表的なオリーブオイル

シエラ・デ・セグーラ　原産地呼称保護（DOP）地域

ハエンの東北部の指定地域。急勾配の荒れ地の続く一帯は、古くからオリーブ栽培をほとんど唯一の産業としてきた産地。主要品種はピクアルでフルーティーな香りがあります。

オロ・デ・ヘナベ

Oro de Genave
Olivar de Segura 社製　¥2100／750ml
ピクアル種
㈱ディーエイチシー　☎0120-333-906

■スペインのもっとも有名で歴史のある有機栽培オイル。アンダルシア州政府の有機認証CAAEと、原産地呼称保護DOP認定。豊かでコクのあるフレッシュな風味。2012年、OLIVINUS2012エキストラバージンオリーブオイル国際品評会第2位。2013年、ロサンゼルス国際エキストラバージンオリーブオイル品評会銀賞。

バエナ　原産地呼称保護（DOP）地域

コルドバの南東に続く丘陵地帯のオリーブの産地。主要品種はピクードで、指定銘柄となるには60％以上がピクードでなければなりません。たいへんフルーティーなものからスウィートなものまでバラエティーが豊富です。

ヌニェス・デ・プラド

Nuñez de Prado
Nuñez de Prado 社製　¥2400／500ml
ピクアル／ピクード／オヒブランカ種
㈱ディーエイチシー　☎0120-333-906
■手摘み、伝統製法により、圧搾せずに果実のペーストから自然にしたたりおちるオイルだけを集めた希少価値のオイル。未濾過。フルーティーでやや力強い風味。サラダやスープにふりかけて。オリーブ・エキスポ最優秀賞、ナショナル・オリーブ・フェスティバル最優秀賞など多数の受賞歴。ジョエル・ロブションが評価するオイルでも知られる。アンダルシア州政府の有機認証CAAE保証付き。バエナDOP銘柄。2013年インディペンデント紙（英）国際オリーブオイルランキング第1位（最優秀賞）。

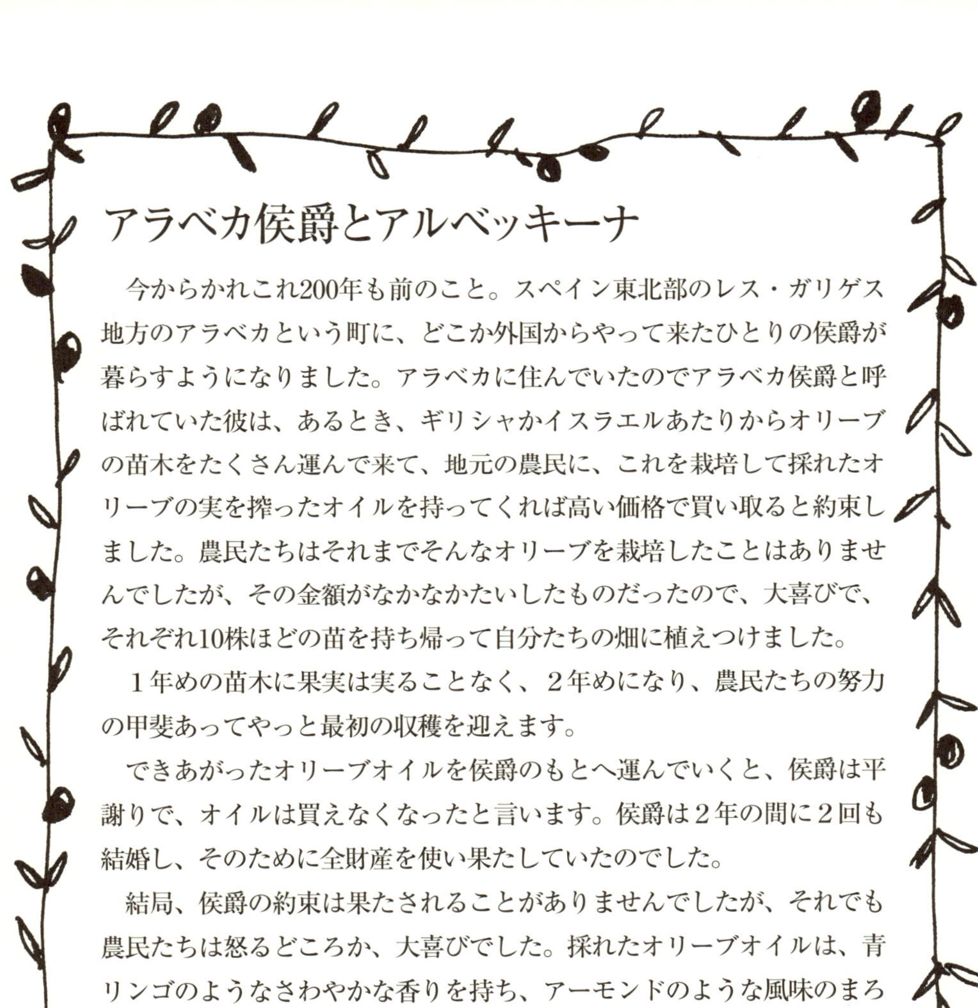

アラベカ侯爵とアルベッキーナ

今からかれこれ200年も前のこと。スペイン東北部のレス・ガリゲス地方のアラベカという町に、どこか外国からやって来たひとりの侯爵が暮らすようになりました。アラベカに住んでいたのでアラベカ侯爵と呼ばれていた彼は、あるとき、ギリシャかイスラエルあたりからオリーブの苗木をたくさん運んで来て、地元の農民に、これを栽培して採れたオリーブの実を搾ったオイルを持ってくれば高い価格で買い取ると約束しました。農民たちはそれまでそんなオリーブを栽培したことはありませんでしたが、その金額がなかなかたいしたものだったので、大喜びで、それぞれ10株ほどの苗を持ち帰って自分たちの畑に植えつけました。

１年めの苗木に果実は実ることなく、２年めになり、農民たちの努力の甲斐あってやっと最初の収穫を迎えます。

できあがったオリーブオイルを侯爵のもとへ運んでいくと、侯爵は平謝りで、オイルは買えなくなったと言います。侯爵は２年の間に２回も結婚し、そのために全財産を使い果たしていたのでした。

結局、侯爵の約束は果たされることがありませんでしたが、それでも農民たちは怒るどころか、大喜びでした。採れたオリーブオイルは、青リンゴのようなさわやかな香りを持ち、アーモンドのような風味のまろやかな極上品だったからです。侯爵が伝えた新しいオリーブは、少し涼しいスペインの北の気候や土壌にぴったりマッチして、そこでユニークなオイルになりました。このオリーブはアルベッキーナと名づけられ、以来アラベカの町を中心に栽培が広がり、今ではスペインのもっとも人気のあるオリーブ品種のひとつとなりました。レス・ガリゲスの教会には、この史実を記した1740年の日付け入りの資料が今も残っているそうです。

27 スペインの原産地呼称保護(DOP)制度

スペインではEUに10年ほど先行して原産地呼称DO（Denominación de Origen）制度が整えられ、独自に品質管理が進められてきました。1992年にEUで原産地呼称保護PDO（Protected Designation of Origin）制度が定められてからは順次DOからの切替が進んでいます。スペインではEU基準をDOP（Denominacion de Origen Protegida）と呼んでいますが、従来のDOもDOPと同等のものとして扱われています。現在、みなしDOPも含めて32の地域が原産地呼称保護地域として認定され、そのうち24はEU認定済み。新たな認定の申請や切替も随時行われているため、認定地域は今後も増加していくと思われます。

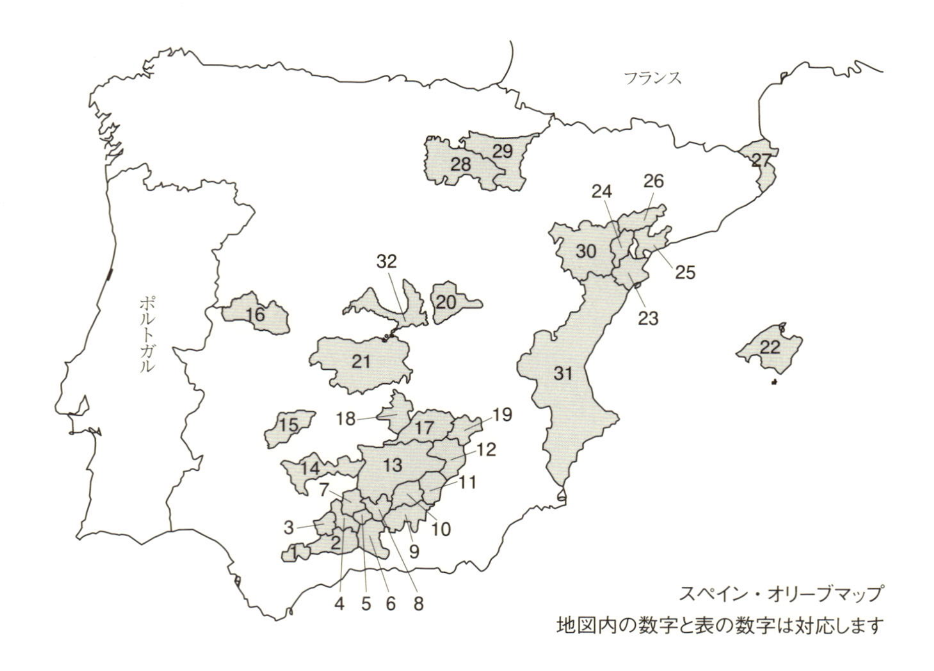

スペイン・オリーブマップ
地図内の数字と表の数字は対応します

主な DOP 指定地域

	地　域	特　色
1	シエラ・デ・カディス Sierra de Cádiz	レチン・デ・セビーリャ、マンサニラ、その他多種の品種を合わせる。野生の果実の強い香り、やや苦くスパイシーだが、口の中に含むとバランスがよい。
2	アンテケーラ Antequera	オヒブランカ種を中心にバランスのとれた風味。口当たり軽く、アーモンド、バナナ、緑の草などの風味。ややビター・スウィート。
3	エステパ Estepa	オヒブランカ、マンサニラ、アルベッキーナ、ピクアル、レチン種。フレッシュなフルーツの香り。やや苦みとスパイシーさ。エステパ周辺の地域。
4	ルセナ Lucena	オヒブランカとルセンチア種で90%以上。その他の品種を加える。デリケートなアロマでマイルド。わずかにビターでペッパリー。
5	プリエゴ・デ・コルドバ Priego de Córdoba	ピクード、ピクアル、オヒブランカ種。オイルはフルーティーな強いアロマにリンゴやアーモンドのニュアンスがある。マイルドで後味はスパイシー。
6	ポニエンテ・デ・グラナダ Poniente de Granada	ピクード、ピクアル、マルテーニョ、オヒブランカ種等。完熟フルーツ、草やイチジク等さまざまなアロマ。バランスの取れたビター・スウィート。
7	バエナ Baena	ピクード、レチン、オヒブランカ種とその他をブレンド。青々しくややビターなアーモンド風味のAタイプ(酸度0.4以下)と熟したBタイプ(酸度1%以下)。
8	ハエン・シエラ・スール Jaén Sierra Sur	アンダルシア州ハエン県。メインはピクアル種。フルーティーで苦み、辛みのバランスが良い。草や緑の野菜、トマトのような香り。
9	モンテス・デ・グラナダ Montes de Granada	ピクアル、ルシオなどの品種がメイン。ピクアルの青々しく、苦みの強い、フルーティーなアロマが特徴ある個性となり、そこに他の品種が加えられてマイルドになる。
10	シエラ・マヒナ Sierra Mágina	ハエンのピクアルとマンサニラ種で作られる。フルーティーでやわらかな苦みがありバランスがよい。ハエンのシエラ・マヒナ自然公園の中にある。
11	シエラ・デ・カツォールラ Sierra de Cazorla	ピクアルと地元種ロイヤルで作られる。オイルはバランスが取れていて、フルーティーでマイルド。シエラ・デ・カツォールラ自然公園の中にある。
12	シエラ・デ・セグーラ Sierra de Segura	ハエンの品種である、ピクアル、ベルディアル、ロイヤル、マンサニラで作られる。香り高くフルーティー、かすかに苦み。

13	カンピニャス・デ・ハエン Campiñas de Jaén	ピクアルとアルベッキーナ種。早摘みは青い草や野菜の香りに対し、遅摘みはイチジクやバナナの香り。濃い緑から金色まで。
14	モントロ・アダムス Montoro-Adamuz	ピクアル、ネバディロ・ネグロ種をメインにその他の品種。高オレイン酸のオイルは濃く、複雑なアロマで、フルボディ。苦みは合わせるオイルによる。
15	モンテルビオ Monterrubio	コルメツェーロやピコリーナ種にコルニカブラなどを合わせる。緑みの黄色。バランスがよく取れ、香り高く、辛みや苦みはマイルド。
16	ガタ・ウルデス Gata-Hurdes	マンサニラ・カセレーニャ種のオイル。なめらかで、苦みやスパイシーさはあまりなく、金色でよく熟している。早摘みはやや緑がかっている。
17	アセイテ・カンポ・デ・モンティエル Aceite Campo de Montiel	コルニカブラ、ピクアル、マンサニラ、アルベッキーナ種。フルーティーでスパイシー。かすかにリンゴやアーモンドの香り。レアル県のいくつかの町で構成される地域。
18	カンポ・デ・カラトラーバ Campo de Calatrava	コルニカブラとピクアル種。ビターでペッパリー。よくバランスが取れ、リンゴやその他の果物のようなフルーティーな香り。
19	アセイテ・モンテ・デ・アルカラス Aceite Montes de Alcaraz	アンダルシアとカスティリヤ＝ラ・マンチャの接する地域で産する。ピクアル、オヒブランカにアルベッキーナやピクードが合わせられる。フルーティーさは中等度。苦みや辛みがはっきりしている。
20	ラ・アルカリア La Alcarria	緑がかった黄色。ハーブを混ぜたかのような青草の香り。
21	モンテス・デ・トレド Montes de Toledo	品種はコルニカブラ。完熟すると非常に重く、フルーティーで香り高い、苦みや辛みの中程度、バランスのよいアロマのオイルとなる。
22	アセイテ・デ・マジョルカ Aceite de Mallorca	マロルキーナ、アルベッキーナ、ピクアル種などの混合。一般的にフルーティーでスウィート。青いアーモンドの香り。マジョルカ島の山側や台地の上で栽培される。
23	アセイテ・デルバイス・エブレ＝モンツィア Aceite del Baix Ebre-Montsiá	モルー、セビージェンカ種。スウィートでバランスの取れたなめらかなオイル。リンゴや青いアーモンドの香り。タラゴナ県のバホ・エブレ＝モンツィア地域。
24	オリ・デ・テッラ・アルタ Oli de Terra Alta	エンペルトレやアルベッキーナ、モルー種。アーモンドやくるみによく似たアロマ。タラゴナ県のリベラ・デル・エブロのティエッラ・アルタ地域。

25	シウラナ Siurana	アルベッキーナ、ロイヤル、モルー種から作られる。早摘みは青々したボディがあり苦みのあるアーモンドのような香りのするもの。熟したものは、黄色みを帯び、なめらかでスウィートなタイプ。地中海に面したタラゴナからレリダのレス・ガリゲス、エブロ川あたりまで縞状の一帯。
26	レス・ガリゲス Les Garrigues	アルベッキーナとその他の種類。早摘みは青々してフルボディのやや苦みのあるアーモンド香。完熟すると黄色になりスウィートでなめらか。
27	オリ・デ・エンポラーダ Oli del'Emporada	ジローナ県のエンポラーダ周辺。アルグデル、コリベル、ベルディアル、アルベッキーナ種。アーモンド、トマト、アニス、フェンネルなどの強い香り。
28	アセイテ・デ・ラ・リオハ Aceite de La Rioja	ワインの銘醸地として知られるリオハのオイル。トレドンディッラやアルベッキーナ種など。スペインで最初にDO認定を受けた。
29	アセイテ・デ・ナバーラ Aceite de Navarra	はっきりしたフルーティーなアロマとスパイシーでアーティチョークのようなフレーバー。エクストレマドゥーラの東に位置する。
30	アセイテ・デルバホ・アラゴン Aceite del Bajo Aragón	エンペルトレ、アルベッキーナ、ロイヤル種。ゴールドから深い黄色のオイルで、スウィートで後味にかすかな苦み。
31	アセイテ・デ・ラ・コムニタ・バレンシア Aceite de la Comunitat Valenciana	マンサニラ、モルツダ、コルニカブラ、アルベッキーナ種などのブレンド。強めの辛みと苦さ、香りのバランスが取れている。
32	アセイテ・デ・マドリード Aceite de Madrid	コルニカブラ種40%以上。マンサニラ、ベルデホなどを合わせる。フルーティー。苦さとスパイシーさのバランスがうまく取れている。

28 イタリア

イタリアは食の世界をリードするオリーブ生産国。生産量では第2位ですが、輸出量ではスペインを上回ることもしばしばです。各地で多様な品種が栽培され、地域ごとに、生産者ごとに、オイルの個性を競っています。生産者たちが集まればかならず始まるマイクロクライメット（限定気候）自慢とでもいいましょうか、自分たちのところにしかない土地と気候の魅力が、栽培されるオリーブの個性をはぐくんでいるのだと胸を張ります。

オリーブオイルのトレンドを世界に発信するのはいつもイタリア。新しい研究の成果、消費者の好み、いったん流れが決まれば、すべての生産者が一斉にそちらに向かう機動力もイタリアらしい特徴です。スパイシーなオイルへの好み、早摘みアーリーハーベストのブーム、有機栽培への転換、単一品種（モノバラエティ）オイルの隆盛、そしてふたたび完熟オイルへの回帰など、他の国に先駆けまっさきにムーブメントが立ち上がってきます。なにしろローマ時代から、オリーブオイルを商ってきたのです。イタリアは常にオリーブオイルの先頭を走るクリエイティターを自負しています。

イタリアのオリーブオイル産地は、北部・中部・南部の3つに大きく分けることができ、それぞれ魅力的なオイルで競い合っています。

北部——リグーリア州・ヴェネト州・ロンバルディア州

イタリアでもっとも人気のある観光地のひとつリビエラのあるリグーリア海沿岸は、海岸線のすぐ近くまでアルプス山脈とアペニン山脈がせまり、そのわずかな海岸線の平地とそこから山地に分け入る谷の傾斜地にオリーブが栽培されています。16世紀にベネディクト派の修道院によって栽培が拡大されました。ここリグーリア州のオリーブからは、金色の華やかな香りを持つ繊細なオイルが採れます。

ガルダ湖の周辺は緯度が高いわりに温暖な気候のせいで、オリーブ栽培の北限です。ヴェネト州、ロンバルディア州、トレンティーノ＝アルト・アディジェ州にまたがってオリーブが栽培されています。ガルダ湖のオイルはドイツの詩人ゲーテが愛したことでも知られます。

北のオイルの特徴は、繊細でエレガントなこと。デリケート、スウィート、マイルドという形容詞で説明されるオリーブオイルの典型です。デリケートな風味を生かすためには料理の仕上げやドレッシングなどに使うのがよく、ガーリックや濃いトマト味など個性の強い食材に合わせると、繊細な風味がかき消されてしまい、魅力を十分に生かすことができません。

魚料理やサラダによく合います。オイルを練り込んで焼いたフォッカッチャ（→75ページ）にはベストマッチと言われます。またピンツィモニオ（→36ページ）と呼ばれる野菜のスティックサラダにもぴったり。

この地方の主要品種

タジャスカ種（Taggiasca）……マイルドでリンゴや花のような香りの繊細なオイルが採れます。オリーブでは数少ない自家受粉が可能な品種で、単独栽培されます。ボトルにわざわざ「タジャスカ種」と品種名を掲げることが多く、繊細なオイルであることをアピールしています。

代表的なオリーブオイル

アルドイーノ・オリオ・エキストラベルジネ・フルクトゥス

Ardoino Olio Extra Vergine di Oliva Fructus

Ardoino 社製　¥3200／750ml

タジャスカ種

㈱フードライナー　☎07-8858-2043

パーコレーション法（シノレアシステム）で搾油される、マイルドでコクのある繊細なオイル。フィルターで濾過しないタイプ。フルーティーな味わいを示す商品名に。

オリオ・エキストラベルジネ・ディ・オリーバ“タジャスカ”

Olio Extra Vergine di Oliva Taggiasca

G. Crespi & Figli 社製　¥3672／500ml

晩熟（2〜4月）のタジャスカ種

稲垣商店　☎03-3462-6676

■繊細でスウィートなオイルの代表。

イナウディ・オリオ・エキストラベルジネ・ディ・オリーバ

Inaudi Olio Extra Vergine di Oliva

Inaudi Clemente & C 社製　¥4207／500ml

タジャスカ種

地中海フーズ㈱　☎03-6441-2522

■モナコ王室御用達。ノンフィルターで上澄みのみ集めたオイル。リーファーコンテナで輸入。フレッシュでエレガント、後味の辛みはあっさりしながら、奥行きのある味わい。

フラントイオ・ディ・サンタガタ・ドネリア・オリオ・エキストラベルジネ・ディ・オリーバ

Frantoio di Sant'Agata d'Oneglia Olio Extra Vergine di Oliva

Sant'Agata d'Oneglia 社製　¥1900／250ml　¥2633／500ml

タジャスカ種

㈲アイ・エス・インターナショナル　☎04-7173-1662

■リビエラ近くの海沿いの小さな町サンタガタで作られたオイル。'90年イタリアの食品展示会 CIBUS でオスカー賞、'96年エルコーレ・オリバリオ・コンクールでマイルドオイル部門で金賞。'98年よりリビエラ・リグレ DOP 指定銘柄。風味のやわらかなオイル。かすかにアーモンドや松の実などナッツの香り。魚介のサラダや豆のスープ、揚げ物にも。オーガニック。

中部——トスカーナ州・ウンブリア州・マルケ州・ラッツォ州

トスカーナ州は生産量数パーセントながら、イタリアでもっとも有名なオリーブオイルの産地。長い歴史を持つ由緒正しいブランドが目白押しです。世界的なワインの銘醸地ですが、ワインメーカーの中には、すぐれたオリーブオイルを作っているところも多く、人気の高い理由になっています。ルッカとキャンティ周辺の２つの地域が産地として有名で、まったく異なるオイルを作っており、どちらも最高級オイルとして知られています。主要品種はフラントイオ種、レッチーノ種、モライオーロ種です。

西のリグーリア海側のルッカではエレガントで軽やかなドルチェタイプのオイルが作られます。料理のタイプは北部のリグーリアのオイルに通じ、野菜サラダやあっさりした魚介料理に向いています。

一方、丘陵地帯のオイルは青々とした草の香り、アーティチョークやアーモンドの香りがあり、後味のピリッとした辛さが心地よいストロングタイプ。ガーリックトーストにトマトをのせたブルスケッタ（→48ページ）やビステッカ・アッラ・フィオレンティーナ（→59ページ）などの肉のグリルには最適です。

ウンブリア州やマルケ州ではトスカーナ州とほぼ同じ品種が栽培され、同じように草の香りやペッパリーな後味が特徴ですが、オイルの仕上がりはよりマイルドです。ラッツォ州のローマに近いサビーナの丘陵は古代ローマ以来の産地で、香り高いスウィートなオイルが作られ、古くから法王庁に献上されてきました。

この地方の主要品種

モライオーロ（Moraiolo）……非常に辛く、緑が濃く、ポリフェノールの含有量が高いのが特徴です。

フラントイオ（Frantoio＝Collegiolo）……スパイシーかつ繊細。モライオーロとのバランスを取るためにブレンドされます。

レッチーノ（Leccino）……スウィートでフルーティー。こちらもモライオーロとのバランスを取るためにブレンドされます。

代表的なオリーブオイル

トスカーナ州中部

フレスコバルディ・ラウデミオ

Frescobaldi Laudemio

Frescobaldi 社製　¥4500／500ml

フラントイオ／レッチーノ／モライオーロ種

㈱チェリーテラス　☎03-3770-8728（ショップ）

■ワインの名門、12世紀より続くフレスコバルディ侯爵家が作るオリーブオイル。ボトルはラウデミオ組合加盟を示す統一デザイン。フレスコバルディ家はラウデミオ組合の創設者。組合には他にも有名メーカーがいくつもある。手摘み、ノンフィルター、上澄みオイルのみ集めたもの。青リンゴの香りとペッパリーな後味。ブルスケッタやパルメザンチーズを使った前菜、肉のグリルなどにぴったり。2005年イタリア・スローフード協会よりオリーブオイルの最高ランク Tre Olive 受賞。

バディア・ア・コルティブォーノ／オリオ・ディ・オリーバ

Badia a Coltibuono / Olio d'Oliva

Badia a Coltibuono 社製　¥3780／500ml

フラントイオ／ペンドリーノ／レッチーノ種

日欧商事㈱　☎03-5730-0311

■トスカーナらしい青々した辛みの強いオイル。フレッシュな青リンゴの風味とペッパリーな後味。シチューや肉料理に。このオイルを作るバディア・ア・コルティブォーノ農園の一画では、メディチ家の末裔ロレンタ・ディ・メディチがクッキングスクールを開いている。

イル・レッチェート

Il Lecceto

Il Lecceto 協同組合製

¥1480／250ml　¥3920／750ml

フラントイオ／モライオーロ／レッチーノ種

㈱ノンナ アンド シディ　☎03-5458-0507

■オリーブオイル鑑定士エルマーノ氏がテイスティングして厳しく管理しているシエナの生産者協同組合のオイル。切れ味するど

く、青々とした辛口のトスカーナらしいオイル。かなりピリッとするが、だからこそ肉料理やパスタに好相性。ノンフィルター。

ラッツォ州

ロザーティ・エキストラバージン・オリーブオイル
コッレ・ディ・フラーティ サビーナ DOP
Colle dei Frati　Olio Extra Vergine Olio d'Oliva SABINA DOP
Azienda Agricola Ermano e Francesco Rosati 社製　¥3200／500ml
カルボンチェロ／フラントイオ／レッチーノ／ペンドリーノ種
サントリーウエルネス（株）☎0120-857-310
■著名なオリーブオイル鑑定士のエルマーノ氏が樹齢200年の木から手摘みで12時間以内に搾ったこだわりのオイル。アーティチョークやアーモンド、干し草の香り。カルパッチョやグリルに。サビーナ DOP 銘柄。

ウンブリア州

ルンガロッティ・オリオ・エキストラベルジネ・デル・ウンブリア
Lungarotti Olio Extra Vergine dell'Umblia
Lungarotti 社製
フラントイオ／モライオーロ／レッチーノ／ペンドリーノ種
■緑色のきれいなオリーブオイルは新鮮な青草の香り。少しペッパリーだが、そこが魅力。ウンブリアのワインを世に知らしめたワインメーカーのオイル。現地を訪れる機会があればぜひ。

ルンガロッティ オリオ・エキストラベルジネ・デル・ウンブリア

マルケ州

ラッジャ・デ・サンビート（有機栽培）
Raggia de Sanvito（Bio Olive Oil）
Fattoria Petrini 社製
ラッジャ／フラントイオ／レッチーノ／ロシコーラ／カルボンチェッラ／マウリーノ／ペンドリーノ種
ファットリア・ペトリーニ・ジャパン　☎0468-76-0514
■朝摘み果実をその日のうちに圧搾してしまうので鮮度を非常に長く保っている。新鮮なハーブの香りと繊細なアーモンドの風味

ラッジャ・デ・サンビート

に加えて、喉ごしにペッパリーな後味が。野菜料理や肉や魚のバーベキューに最適。1993年のエルコーレ・オリバリオ・コンクールのマイルドオイル部門最優秀賞。2013年ベストバイオプレスオリーブオイル受賞。アル・ケッチアーノの奥田シェフも愛用とか。

南部——プーリア州・カラブリア州・カンパーニャ州・シチリア州

南部はオリーブの大産地。プーリア州が50%、カラブリア州が20%、この２州だけで全イタリアの生産量の70%をカバーします。プーリア州のオイルは濃厚で香りが高く、フレッシュなアーモンド風味が感じられます。カラブリア州のオイルは野性味にとんだストロングタイプ。個性的なオイルが多いのが特徴です。ナポリを擁するカンパーニャ州には、ギリシャ時代にさかのぼる産地があり、オイルの色も緑から黄色まで、風味豊かなオイルを産します。産地としてよく知られているのはソレント半島。シチリア州はギリシャ植民地時代からの古い産地で、近年、生産技術が非常に発達しています。

南のオイルは一般に、まろやかで豊かな風味が特徴といわれます。色は緑がかった金色。果実が熟すときに気温の高い南部地域では、果実の成熟が短期間のうちに進み、よく熟します。そして、フルーティーで、いわゆるパッションフルーツの風味と表現される、濃厚でやや重めのオイルになります。もっとも南部であっても昼夜の気温の差が激しい山岳地帯では、緑色のスパイシーでストロングタイプのオイルも作られ、バラエティーに富んでいます。

南部のオイルは、従来は産地として名の通ったリグーリア州やトスカーナ州に樽で出荷され、そこで瓶詰したのち、リグーリア州やトスカーナ州のオイルとして出荷されることが多かったのですが、最近はシチリアやカラブリア産と銘うったオイルがコンクールでたびたび入賞を果たし、産地としての評価を高めています。

この地方の主要品種

コラティーナ（Coratina）……収穫時期にもよりますが、苦くて辛いのが特徴。

オリアローラ（Ogliarola）……軽い苦みがあり、野性味の強いオイルです。

代表的なオリーブオイル

カラブリア州

アルチェ・ネロ・有機エキストラ・ヴァージン・オリーブオイル／ドルチェ／フルッタート

Alce Nero Extra Virgin Olive Oil ／ dolce ／ fruttato

Alce Nero 協同組合製

￥1340／250ml　￥2420／500ml

トンディーノ／グロッサディカッサーノ種など

日仏貿易㈱　☎03-5510-2662

■トレサビリティ、サスティナビリティを重んじるイタリアの有機農業組合のオイル。手摘み有機栽培オリーブを伝統的製法で圧搾した一番搾りのオイル。鮮やかな干し草の香りでマイルドな風味。後味はややペッパリー。EU有機認定商品。2001年、JAS有機認定を取得した。早摘みのフルッタートと完熟のドルチェの２タイプ。他にパスタ、トマトソース、ビネガーなども。

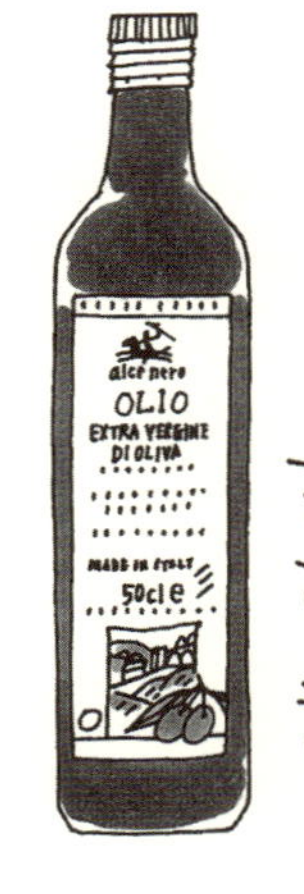

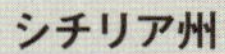

シチリア州

エム・ビー EXV オリーブオイル・フォンタナサルサ・チェラソーラ

MB Extra Virgin Olive Oil Cerasuola

Maria Caterina Burgarella 社製　￥2600／250ml

チェラソーラ種

㈱アーク　☎03-5643-6444

■シチリア島の西端のトラパニの700年の伝統を持つ農園で作られるオリーブオイル。フレッシュな柑橘系の香りがあり、新鮮であっさりしている。サラダや魚料理に。

29 イタリアの原産地呼称保護（DOP）制度と地域表示保護（IGP）制度

イタリアでは、2017年現在EUの統一基準に従った統制品質表示が実施され、原産地呼称保護DOP（Denominazione di Origine Protetta）の指定地域は42カ所、地域表示保護IGP（Indicazione Geografica Protetta）の指定地域としてはトスカーナ州はじめ4カ所が認定されています。

原産地呼称銘柄を名乗るためには、指定地域の指定品種を収穫、搾油し、その品質が規格に沿ったものであるという認可を受けなければなりません。

イタリア・オリーブ・マップ

DOPの指定地域

	地　域	特　色
1	アルト・クロトネーゼ Alto Crotonese	カラブリア州クロトーネ県。ローマ時代からの生産地。カロレア種が70%。他にレッチーノ、トッコラーナ種他。収穫は10/1から12/10まで。
2	アプルティーノ・ペスカレーゼ Aprutino pescarese	アブルッツォ州ペスカーラ県のオイル。レッチーノ種や野性味のあるトッコラーナ種を含むオイル。緑から黄色。マイルドフルーティー。収穫は10/1から12/10。
3	ブリジゲッラ Brisighella	エミリア＝ロマーニャ州ラベンナ、フォルリ・チェゼーナ県のオイル。ノストラーナ・ディロ・ブリジゲッラ種。収穫11/5から12/20。青臭い草の香り。軽い苦みと辛み。
4	ブルツィオ Bruzio	古代ギリシャ以来の産地カラブリア州のオイル。さらに細かい産地表示で品種割合を規定。黄色がかった緑色。軽い苦みと辛み。
5	カニーノ Canino	ラツィオ州ヴィテルボ県のオイル。酸度0.5% 以下。カニネーゼ、レッチーノ、ペンドリーノ、フラントイオ種他の混合。かすかな苦みと辛み。
6	カルトチェート Cartoceto	マルケ州ウルビーノ産。レッチーノ、フラントイオ、ラッジオーラ種70% 以上。収穫11/25まで。酸度0.5% 以下。
7	キアンティ・クラシコ Chianti Classico	トスカーナ州シエナ、フィレンツェ県産。レッチーノ、フラントイオ、コッレッジョーロ、モライオーロ種。酸度0.5% 以下。トスカーナ料理に。
8	チレント Cilento	カンパーニャ州チレント国立公園内。紀元前からの産地で地中海式ダイエット提唱者キーズ博士が住んだことでも知られる。
9	コッリーナ・ディ・ブリンディジ Collinadi Brindisi	プーリア州ブリンディシ県のオイル。ローマ時代からの品種オリアローラ70% 以上。ミディアムフルーティー。魚、肉、ドルチェにも。
10	コッリーネ・ディ・ロマーニャ Colline di Romagna	エミリア＝ロマーニャ州リミニ周辺の産地。コッレッジョーロとレッチーノ種。収穫は10/20から11/15まで。
11	コッリーネ・ポンティーネ Colline Pontine	ラツィオ州ラティーナ県。完熟してから1/31まで収穫。イトラーナ、フラントイオ、レッチーノ種。18世紀に積極的な植樹。
12	コッリーネ・サレルニターネ Colline Salernitane	ギリシャ人がもたらしたオリーブの産地。ロトンディラ、フラントイオ、ノストラーレ種など。かすかに苦みと辛み。カンパーニャ州サレルノ県。

13	コッリーネ・テアティーネ Colline Teatine	アブルッツォ州キエーティ県全域で生産。収穫10/20から12/20。産地ごとに品種割合が細かく決められている。
14	ダウノ Danuo	プーリア州フォッジャ県の４つの産地。酸度0.6%以下。紀元前からの産地。辛みと苦み。
15	ガルダ Garda	ガルダ湖周辺のブレーシャ、ヴェローナ、マンドバ、トレント県のオイル。酸度0.5%以下。ときに辛み、苦み、アーモンドの香り。川魚など繊細な料理に。
16	イルピニア Irpinia	カンパーニャ州アヴェッリーノ県。ラベーチェ種。苦みと辛み。トマトと草の香り。グリルやブルスケッタに。
17	ラーギ・ロンバルディ Laghi Lombardi	セビーノ湖とラリオ湖周辺のブレーシャ、ベルガモ、コモ、レッコ県のオイル。フラントイオ、カサリーヴァ種。酸度0.5%以下。フルーティー。魚料理にも。
18	ラメティア Lametia	カラブリア州カタンザーロ県。カロレア種90%以上。酸度0.5%以下。収穫1/15まで。
19	ルッカ Lucca	トスカーナ州ルッカ県。フラントイオ、レッチーノその他の品種からなる。サラダやブルスケッタに。
20	モリーゼ Molise	モーリゼ州全域。アウリーノ、ジェンティーレ・ディ・ラリーノ、レッチーノ種他。酸度0.5%以下。
21	モンテ・エトナ Monte Etna	シチリア州のエトナ山周辺地域。ノチェッラーラ、エトネア種。酸度0.6%以下。紀元前からの産地。
22	モンテイ・イブレイ Montei Iblei	ギリシャ植民地時代からの産地。シチリア州シラクサ、ラグーサ、カターニア県。山岳地帯で昼夜の気温差が大きく独特の風味。10/30から1/15までの収穫。酸度0.5～0.65%以下。
23	ペニソーラ・ソッレンティーナ Penisola Sorrentina	カンパーニャ州ナポリ県ソレント半島のオイル。オリアローラ、ミヌッチョラ種。緑から黄色まで。ハーブの香り。ときに辛みと苦み。
24	プレトゥツィアーノ・デレ・コッリーネ・テラマーネ Pretuziano delle Colline Teramane	アブルッツォ州テーラモ県の丘陵地帯のオイル。ローマ時代から知られる産地。レッチーノ、フラントイオ、ディリッタ種。酸度0.5%以下。
25	リビエラ・リグーレ Riviera Ligure	リグーリア州のタジャスカ、ラヴァンニーナ、ラッツォーラ種。マイルドでスウィートなオイルの代表。黄色から黄緑。収穫は1/30まで。３つの産地。

26	サビーナ Sabina	ラツィオ州。ヨーロッパ最古のオリーブの木がある。イタリア初のDOP認定。カルボンチェッラ、レッチーノ、ライア、ペンドリーノ、モライオーロ種他。酸度0.6%以下。香り高くスウィート。
27	サルデーニャ Sardegna	クレタ文明までさかのぼる産地。サルデーニャ州のオリスターノ、ヌォーロ、カリアリ、サッサリ県産。完熟してから1/31まで収穫。酸度0.5%以下。
28	セッジャーノ Seggiano	トスカーナ州グロッセート県。オリヴァストラ・セッジャーノ種。緑の香りの新鮮なオイル。苦みと辛み。
29	テルジェステ Tergeste	フリウリ＝ヴェネツィア・ジューリア州トリエステ県。ベリカ、ビアンケーラ種最低20%含む。フルーティーでデリケート。フェニキア人とギリシャ人によってもたらされる。
30	テッラ・ディ・バーリ Terra di bari	プーリア州バーリ県のオイル。3つの産地として規定。酸度は0.5～0.6%以下。中世にはヴェネツィアからヨーロッパ中にオリーブを出荷。フルーティーで青いアーモンドの香り。後味に辛みと苦み。
31	テッラ・ドートラント Terra d'Otranto	プーリア州ターラント、ブリンディシ県のオイル。チェッリーナ・ディ・ナルド、オリアローラ種。フルーティーで草の香り。ギリシャ、フェニキア人が栽培を普及させ、中世の修道士が品種改良に努める。
32	テッレ・ディ・シエナ Terre di Siena	トスカーナ州シエナ県のオイル。しっかりした辛み。酸度0.5%以下。トスカーナ料理や肉、魚料理に。
33	テッレ・タレンティーネ Terre Tarentine	プーリア州ターラント県。フラントイオ、コラティーナ、レッチーノ、オリアローラ種がメイン。収穫は10月から1月。酸度0.6%以下。
34	トゥーシャ Tuscia	ラツィオ州ヴィテルボ県。フラントイオ、レッチーノ、カニナネーゼ種。酸度0.5%以下。紀元前6世紀からの交易がはじまる。
35	ウンブリア Umbria	ウンブリア州全域。果実生育時期の気温が低く、ゆっくりと成熟。酸度が低い。レッチーノ、フラントイオ、モライオーロ、サン・フェリーチェ種他。草の葉の香り。5つの産地。紀元前からの産地。
36	ヴァルデモネ Valdemone	シチリア州メッシーナ県。サンタガテーゼ、オリアローラ・メッシネーゼ、ミヌータ種単体もしくは70%以上。アーモンドやアーティチョークの香り。酸度0.7%以下。

37	ヴァル・ディ・マサーラ Val di Mazara	シチリア州パレルモ、アグリジェント県のオイル。ビアンコリッラ、ノチェッラーラ・デル・ベリーチェ、チェラスオーラ種。酸度0.5%以下。ギリシャ時代からの輸出商品。
38	ヴァッリ・トラパネージ Valli Trapanesi	シチリア州トラパニ県産。ノチェッラーラ・デル・ベーリチェまたはチェラスオーラの単体もしくは混合のストロングタイプ。酸度0.5%以下。
39	ヴァッレ・デル・ベリーチェ Valle del Belice	シチリア州トラパニ県産。ノチェッラーラ・デル・ベリーチェ70%以上。酸度0.5%以下。紀元前7世紀からの産地。
40	ヴェネト Veneto	ヴェネト州のヴェローナ、ヴィチェンツァ、トレヴィーゾ、パドヴァ各県。さらに詳細な3つの産地表示あり。豊かな香りと若干の苦み。
41	ヴルトゥレ Vulture	バジリカータ州ポテンツァ県。オリアローラ・デル・ヴルトレ種。完熟後12/31まで収穫。甘く完熟したオリーブの味わい。南イタリア料理に。
42	テッレ・アウルンケ Terre Aurunche	カンパーニャ州カゼルタ県。セッサーナ種他、土着品種。苦みと辛み。アーモンドの香り。

イタリアは従来はワインと同じDOCG、DOC制度を採用してオイルの産地保証をしていましたが、それらは現在EU認証のDOPに切り替えられました。同様に従来のIGCもIGPに切り替えられています。

今後も申請が続き、認証を受ける銘柄は少しずつ増えていくものと思われます。

30 ギリシャ

紀元前3000年ころのオリーブ栽培に関する資料が残る、世界でもっとも古いオリーブオイルの生産国です。スペイン、イタリアについで世界第３位の生産量ですが、１人あたり年間20ℓ、あらゆる料理がオリーブオイルをベースとする世界最大の消費国なので、不足する分を輸入しています。

オリーブを栽培しているのは小規模な農家が多く、近くの協同組合に果実を出荷して、そこで他の農家の分と合わせて搾油されるのが一般的です。ギリシャのオイルは早くから政府主導の生産協同組合の指導が行われてきたため品質が高く、とくにクレタ島ではほとんどが手摘みで収穫され、採れるオリーブオイルの90％はエキストラバージンと言われます。しかも安価なので、一部は外国に輸出されてブレンドされ、外国ブランドとしてさらに別の国へ輸出されてきましたが、ギリシャブランドとしての展開も企てられ、容器のデザインやパッケージにも工夫が見られるようになり、有機栽培への取り組みもさかんです。

古代においてもオリーブオイルの搾油法や品質を精密に分類して使い分けてきた歴史があり、品質へのこだわりは強いものがあります。

主な産地はペロポネソス半島のカラマタとクレタ島で、とくにカラマタ地方のコロネイキ種のオリーブオイルは酸化しにくいオイルとして人気があります。

ギリシャ本土から地中海に突き出したバルカン半島の南東部がペロポネソス半島です。ここにはスパルタやカラマタなどの町があり、オリーブとブドウを作っています。

クレタ島は地中海式ダイエットの発祥の地。アメリカのキーズ博士が食生活と心臓疾患や動脈硬化の関係を調査したときに、もっとも死亡率の低かったのがこのクレタ島でした（→189ページ）。オリーブ栽培にも6000年以上の歴史を持つ地域です。クレタの人々は、1年に約40ℓのオイルを消費すると言われており、世界でもっとも消費量が多いと言われるギリシャの国民1人あたりのオリーブオイルのさらに2倍に当たります。

代表的なオリーブオイル

ナバリノ

Navarino

N. Lekkas & Son 社製　¥2310／500ml　¥3780／1000ml

コロネイキ種のみ

㈱ウエルダ　☎04-2942-9830

■ギリシャでもっとも有名な産地であるペロポネソス半島南部のカラマタ地方のオイル。軽い口当たりで、なめらかな甘みがある。

コロネイキ・プレミアム エキストラバージン・オリーブオイル

Koroneiki Premium Extra Virgin Olive Oil

¥1404／500ml

コロネイキ種のみ

㈱ヴィボン社製（生産：OLIX OIL）　☎03-5468-7330

■12月収穫のコロネイキから搾られるスパイシーさと甘さのバランスの取れたオイル。27度以下の低温コールドプレス。ヴィボンの企画による製造委託商品。Made with Japan の代表的なオリーブオイル。

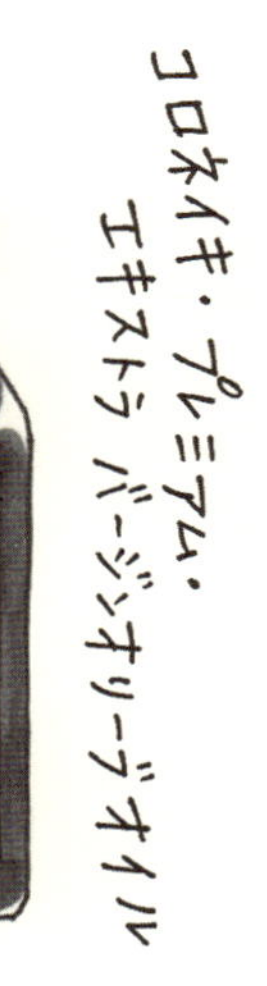

31 フランス

フランス料理と言えばついバターとクリームソースを思い浮かべてしまいますが、スペインからイタリアへと続く南部の海沿いの地域、中でもプロバンス地方は昔から良質のオリーブオイルが採れることで知られ、料理のスタイルも地中海式です。

「オリーブの木には強く心打たれる何かがいつもある。私はその正体をしっかりとこの手でつかみたい」と言って、ゴッホが憧れた光溢れるオリーブ畑の風景は、プロバンスの典型的な景色です。ニンニクをたっぷりきかせてオリーブオイルで作るアイオリソースは「プロバンスのバター」とも呼ばれて、ブイヤーベースには欠かせません。主な産地はコルシカ島とフランス南東部マントン、ヴァランス、ペルピニャンを結ぶ三角形の中に含まれます。

フランスでは果実の収穫は１月からとやや遅めで、その分オイルは非常にまろやかで刺激の少ない繊細なタイプです。オリーブオイルの渋みや辛みはポリフェノールなどの抗酸化成分が作り出すものですが、完熟の果実は早摘みのものに比べて抗酸化成分がやや少なくなります。

フランスの一部のメーカーには、収穫後の果実を２～３日貯蔵してから搾るところもあります。これはさらにオリーブオイルの渋みをなくすため。貯蔵している間に果実に含まれるポリフェノールが減っていきます。

フランス・オリーブ・マップ
地図の数字は表の数字に対応します

ニヨン
7
バレー・デ・ボー・ド・プロバンス
ニーム
4
5
2
6
ニース
1
オート・プロバンス
エクサン・プロバンス
3
コルシカ島

ポリフェノールはオリーブオイルの賞味期限を延ばし、健康にもよい働きを持っていますが、渋みや辛みのもとともなります。収穫後すぐに果実を搾ることがよいオリーブオイルを作る基本というのが、今ではどこの生産国にも共通の考えですが、あえて2〜3日果実を貯蔵しているのは、フランスの伝統的な味覚の好みが、強い渋みを嫌うからかもしれません。また渋みの少ないマイルドでリッチなフランスのオリーブオイルを非常にエレガントだとして、好む人たちもたくさんいます。

フランスの原産地呼称保証はワインの制度と共通のAOC（Appéllation d'Origine Contrôlée）として定められましたが、現在はEU法にのっとりAOP：Appéllation d'Origine Protégée（= PDO）として定められ、地域は次の7カ所があります。

AOP 認定地域

	地　域	特　色
1	エクサン＝プロバンス産オリーブオイル Huile d'olive Aix-en-Provence	ブーシュ＝デ＝ローヌ、ヴァール地域。アグランドゥ、カイエンヌ、サロネンク、ピコリーヌ種その他、地オリーブ。やや辛みと苦みがあり、早摘みは新鮮な草やアーティチョーク、完熟タイプはココア、バニラの香り。
2	オート＝プロバンス産オリーブオイル Huile d'olive Haute-Provence	アルプ＝ド＝オート＝プロバンス、ブーシュ＝デ＝ローヌ、他地域。アグランドゥ、タンシュ種その他、古い地オリーブ。緑がかった黄色のオイル。リンゴやバナナ、アーティチョークの強く複雑な香り。
3	コルシカ産オリーブオイル Huile d'olive de Corse-Oliu di Corsica	コルス＝デュ＝シュドとオート・コルス地域。品種はサビーヌやグジェルマーナなど。苦み、辛みが少ないスウィートなオイル。ドライフルーツ、リンゴ、蜂蜜やペストリー、花を思わせる香り。
4	バレー・デ・ボー＝ド＝プロバンス産オリーブオイル Huile d'olive de la Vallée des Baux-de-Provence	ブーシュ・デ・ローヌ地域。品種はサロネンク、グロサーヌ、ピコリーヌ他。心地よい苦みや辛み。早摘みは新鮮なナッツやリンゴ、アーティチョーク、完熟タイプはココアやトリュフ、キノコの香り。

5	ニーム産オリーブオイル Huile d'olive de Nîmes	ガール、エロー地域。主要品種のピコリーヌから苦みや辛み。青々しいバナナやパイナップルの香り。
6	ニース産オリーブオイル Huile d'olive de Nice	アルプ＝マリチム地域。品種はカイエティエ。アーモンドの強いアロマ。
7	ニヨン産オリーブオイル Huile d'olive de Nyons	ドローム、ヴォクリューズ地域。品種はタンシュ。金色のナッツやアーモンド、干し草や青リンゴの香りのする、なめらかなオイル。

バレー・デ・ボー

リヨン湾に流れ込むローヌ川の流域の山あいにあり、1998年からＡＯＣが認定されたオリーブ栽培地域です。

代表的なオリーブオイル

ボー・ド・プロバンス（AOP）

Baux de Provence

Coopérative Oliécole de Vallée des Baux "Moulin Jean-Marie Cornille" 製　¥2916／250ml　¥8100／1 ℓ

ピコリーヌ／グロサンヌ／ベルグエット種など

㈱デドゥー　☎044-922-0901

■ピーター・メイルの人気エッセイ『南仏プロヴァンスの12か月』で、彼がプロバンス料理の魅力に目覚め、オイル工場を訪ねるくだりで登場するオイル。渋みをなくすため、収穫後わざわざ72時間おいてから圧搾。ジョエル・ロブション推薦。

ニヨン

ニヨンはローヌ川の流域から東にやや入った丘陵地帯で、1994年にＡＯＣの認定を受けています。

代表的なオリーブオイル

ニヨン・オリーブ（AOP）

Nyons Olive

¥2484／250ml

㈱アクアメール　☎04-6877-5051

■フランス農水産省品評会1998年度金賞。この地方の主要品種ラ・タンシュ（La Tanche）100%で作られたスウィートでエレガントなオイル。コールドプレスのエキストラバージン。ニヨンの原産地呼称指定銘柄（AOP）。

ニース

ニースはカンヌなどと並ぶ地中海沿岸の国際的なリゾート地。そのニースの海岸沿いの山肌を這うようにオリーブが栽培されています。ニースでオリーブオイルをお土産に買って帰るのは、リゾート客の楽しみ。ニースから帰った後も、南仏の太陽を思い出しながら料理を楽しむことができるからです。

代表的なオリーブオイル

ニコラス・アルジアリ・エキストラバージンオリーブオイル

Nicolas Alziari

¥3680／500ml

Alziari 社製

㈲パセオ　☎03-6429-8585

■ニースにやってきたリゾート客たちが必ず買って帰る人気ブランドです。ニース特産の小粒のカイエットオリーブやカイチエオリーブで作られるシトラス系の香りがエレガントでマイルドなオリーブオイル。

工場を訪ねて直接オリーブオイルを買う

　ローヌ川沿いにバレー・デ・ボー・ド・プロバンスの名で原産地呼称を認められた地域があります。コピーライターのピーター・メイルが、ロンドンを離れてプロバンスに移り、そこで四季の移り変わりをつづったのが『南仏プロヴァンスの12か月』という作品。その中に、このバレー・デ・ボーのオリーブオイル工場を訪れるくだりがあります。

　イギリスでは、オリーブオイルといえばマヨネーズやドレッシングのための贅沢品ですが、プロバンスに住むとメイルも、料理はもちろん、チーズや唐辛子をマリネしたり、トリュフを保存したり、パンもレタスもオリーブオイルで食べるようになります。そればかりか、飲む前のスプーン１杯のオリーブオイルがワインの吸収を遅らせ、二日酔いの予防に効果があることも知ります。少しずつオリーブオイルの品質や微妙な風味の違いがわかるようになると、ふつうに手に入るオイルでは満足できなくなり、製油工場に出かけていっては直接オイルを買うのを楽しむようになります。

　メイルは、そろそろ収穫が始まるであろうと思われる11月に、バレー・デ・ボーにあるモーサーヌ・レ・ザルピールの小さな工場を訪れますが、オリーブの収穫は１月で、２カ月早いと聞かされます。工場の支配人はオリーブオイルもその時期がもっとも新鮮で上等だと言いながら、まだいくらか在庫が残っていた去年のオイルを分けてくれます。

　その年の新しいオリーブオイルを直接工場に買いに行くことは、楽しい贅沢です。フランスのオイル工場を訪れるチャンスがあれば、メイルの経験にならって１月過ぎに出かけることにしましょう。

　もちろん収穫期でなくても、工場にはできあがったオイルが貯蔵されているので、それを買うことができます。バレー・デ・ボーのこのオイルは日本に輸入されているので、手に入れることができます。

32 トルコ

ボスポラス海峡をはさんでトルコ東側の半島を小アジアと呼びます。ここはまたアナトリアとも呼ばれ、太陽の昇る国の意味です。アナトリアの南の地中海沿いの地域に、野生のオリーブの自生地があり、このあたりがオリーブの原産地ではないかと言われています。

半島の内陸部は牧畜がさかんですが、地中海沿岸は農業がさかんで、農産物を完全自給できる豊かな農業国です。沿岸のぐるりにオリーブ農園があり、とくに肥沃な土地が海岸沿いに連なるエーゲ海の沿岸でオリーブの75%が栽培されており、主要品種のアイバルク種は黄金のオリーブオイルと呼ばれてよく知られています。オリーブの木は痩せた土地にもよく育ちますが、豊作と不作を年ごとに交互に繰り返す性質があり、これまでほとんど手入れをせずに栽培されてきたこともあって、トルコの生産量は毎年大きく変動して一定ではありませんでした。そのことが産業としての安定を遅らせていましたが、とくにエーゲ海沿岸では栽培管理と収穫の機械化が進み、最近は生産量が倍増しています。現在世界の約10%のオリーブオイルを生産しています。

代表的なオリーブオイル

MONTE IDA エキストラバージン・オリーブオイル（エーゲの輝き）

アイワルク農園　¥3420／500ml

クオリティライフ㈱　☎07-3945-1005

■エーゲ海沿岸のオリーブ栽培の中心地イズミールのオリーブオイル。有機栽培。

トルコの伝統料理ゼイティンヤーラ

ゼイティンヤーラは、オリーブオイルを使うトルコの伝統料理。西側の地中海に面した農耕地帯、古くからのオリーブオイルの文化圏アナトリア地方の料理です。ゼイティンヤーラは、野菜をタマネギ、ニンニク、ハーブで味つけしてオイルで煮焼きした料理、豆をオイル煮にした料理、ピーマンなどに具を詰めてブドウの葉などで包んでオイル煮にした料理、と大きく３つに分類され、どれもやさしい穏やかな味わいです。レストランでは、スープ、メインの次によく３番めのコースとして登場します。

トマト・ピラフ

材料

米250g　オリーブオイル½カップ
タマネギのみじん切り１個分
トマト１個　スープストック２カップ

作り方

●米は１時間半ほど水に浸して、ザルにあげておきます。

●鍋にオリーブオイルを熱し、タマネギを炒めて透き通ったら、米を加えてさらに５分ほど炒めます。

●乱切りのトマト、米の1.5倍のスープストックを加え、強火で15分、弱火で17分、その後火を止めて蒸らします。

ドルマ（野菜の肉詰め）

材料

ズッキーニ、ナス、トマト、ピーマンなど詰め物のできる野菜適宜
（詰め物）ラムのひき肉100g
あらかじめ洗って水に浸けておいた米25g
タマネギのみじん切り、
刻んだ皮むきトマト各１個分
刻みパセリ、クミン、黒コショウ各10g
ディル、ドライミント各５g
塩少々　オリーブオイル大匙１

作り方

●詰め物の具をすべて混ぜて、種を抜いて野菜に詰めます。

●浅鍋に野菜を並べ、水少々を注ぎ、上からオリーブオイルをまわしかけて蓋をし、中火で20分ほど蒸し煮にします。

33 その他の国々

オリーブは、チュニジアやポルトガルなどでも広く栽培されています。チュニジアは、地中海沿岸にオリーブ栽培を広く伝えたフェニキア人の国、古くはカルタゴと呼ばれた国であり、今もギリシャにつぐ世界第４位のオリーブオイル生産国です。ポルトガルは近年、オリーブ産業への投資がさかんで、大規模な生産地が拡大しつつあります。

オリーブは今では地中海沿岸から遠く離れた国にも根づいています。

アメリカ合衆国のオリーブはカリフォルニアのナパ・バレーを中心に栽培されています。もともと18世紀末にスペインのフランシスコ派の宣教師たちがスペインから持って来て、伝道地区に植えたため、この品種は「ミッション」（伝道）と名づけられました。一時隆盛したオリーブオイル産業は、ヨーロッパから安いオリーブオイルが輸入されて急激にすたれてしまいましたが、地中海式ダイエットの評価がオリーブオイルの再評価につながり、ビジネス的にも成功を収めています。日本にはなかなか輸入されることがありませんが、カリフォルニアを訪れることがあったら、ぜひお試しください。

オーストラリアやニュージーランドでも、また南米のチリやアルゼンチンでも栽培がさかんです。日本にも南米のアルゼンチン産のオリーブオイルがアメリカの食品会社経由でいくつか輸入されています。

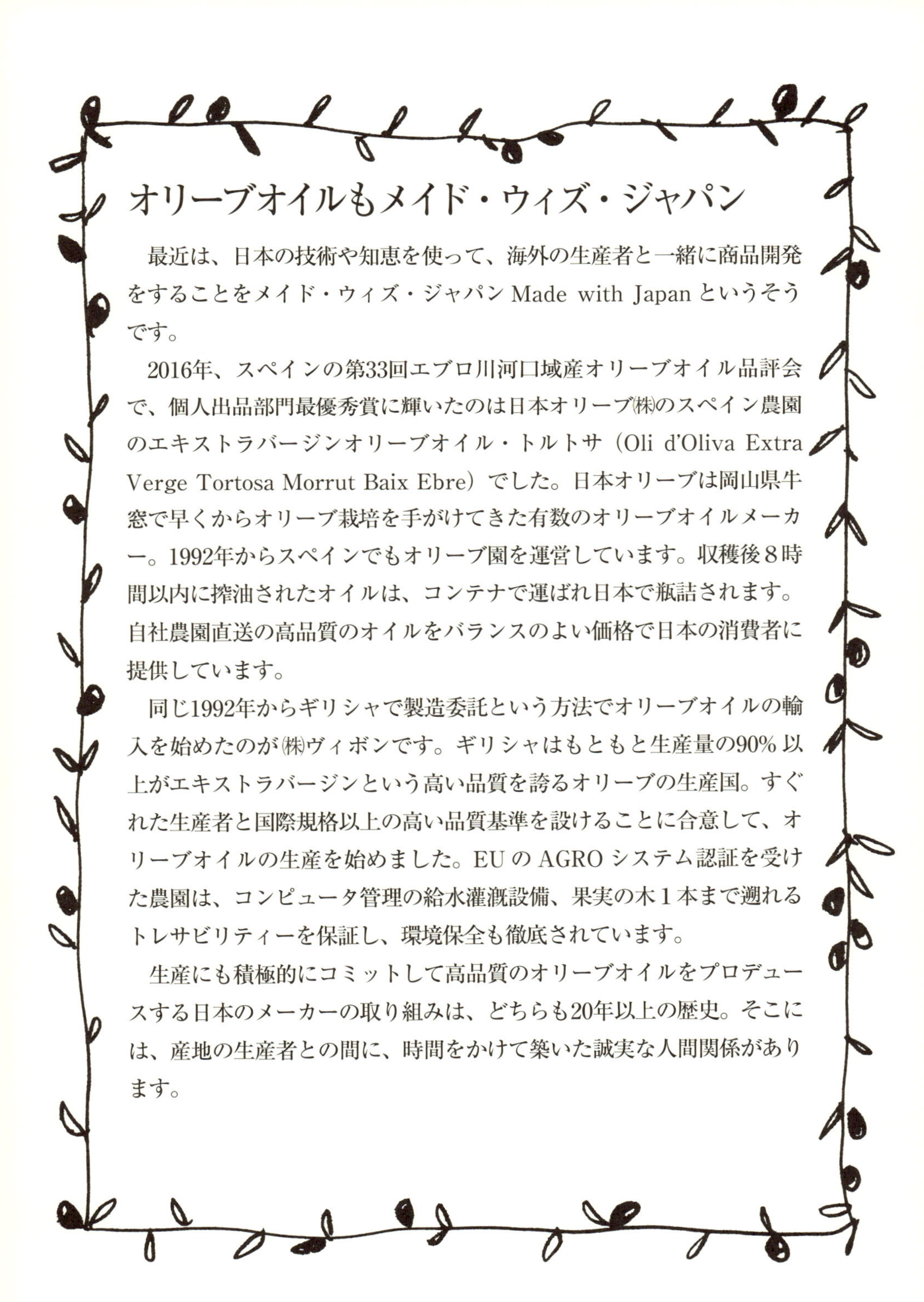

オリーブオイルもメイド・ウィズ・ジャパン

最近は、日本の技術や知恵を使って、海外の生産者と一緒に商品開発をすることをメイド・ウィズ・ジャパン Made with Japan というそうです。

2016年、スペインの第33回エブロ川河口域産オリーブオイル品評会で、個人出品部門最優秀賞に輝いたのは日本オリーブ㈱のスペイン農園のエキストラバージンオリーブオイル・トルトサ（Oli d'Oliva Extra Verge Tortosa Morrut Baix Ebre）でした。日本オリーブは岡山県牛窓で早くからオリーブ栽培を手がけてきた有数のオリーブオイルメーカー。1992年からスペインでもオリーブ園を運営しています。収穫後８時間以内に搾油されたオイルは、コンテナで運ばれ日本で瓶詰されます。自社農園直送の高品質のオイルをバランスのよい価格で日本の消費者に提供しています。

同じ1992年からギリシャで製造委託という方法でオリーブオイルの輸入を始めたのが㈱ヴィボンです。ギリシャはもともと生産量の90％以上がエキストラバージンという高い品質を誇るオリーブの生産国。すぐれた生産者と国際規格以上の高い品質基準を設けることに合意して、オリーブオイルの生産を始めました。EU の AGRO システム認証を受けた農園は、コンピュータ管理の給水灌漑設備、果実の木１本まで遡れるトレサビリティーを保証し、環境保全も徹底されています。

生産にも積極的にコミットして高品質のオリーブオイルをプロデュースする日本のメーカーの取り組みは、どちらも20年以上の歴史。そこには、産地の生産者との間に、時間をかけて築いた誠実な人間関係があります。

34 日本

日本のオリーブオイルの歴史

日本にはじめてオリーブオイルを伝えたのは、安土桃山時代に渡来したポルトガルのフランシスコ派の神父たちでした。オリーブオイルは「ポルトガルの油」がなまって「ホルトの油」と呼ばれましたが、蘭学を学ぶ医師が使うばかりで、一般に人々の目に触れることはありませんでした。

しかし江戸時代の末になると、将軍侍医の林洞海がオリーブオイルの国内生産を目指して、文久２年（1862）、フランスから苗木を輸入します。以後、明治７年（1874）には日本赤十字をおこした佐野常民がイタリアから苗木を持ち帰り、明治12年（1879）には後の総理大臣松方正義がフランスから苗木を輸入し、東京の三田育種場と神戸温帯植物試験場で栽培します。

神戸試験場のオリーブは明治15年にはじめて実をつけ、オイルを搾り、テーブルオリーブも作られました。オリーブオイルがあれば日本もオイルサーディンのような輸出商品を作れると期待して、国を挙げて試験栽培が続きました。

明治41年（1908）には三重と香川、鹿児島の３県で栽培の実験が始まり、香川県の小豆島が栽培に成功しました。小豆島の㈱オリーブ園は、この時の樹齢100年のオリーブの原木を今もたいせつに守っています。この木が現存する日本最古のオリーブの木で、小豆島では2008年にオリーブ百年祭が開かれました。

やがて小豆島からオリーブ栽培は少しずつ広がります。昭和24年（1949）には岡山県牛窓に日本オリーブ㈱が、昭和30年（1955）には小豆島に東洋オリーブ㈱が本格的なオリーブ栽培を始めます。最初に商品化されたのはスキンケア用のオリーブオイルで、そこからハイカラさんたちの間にブームが起こり、価格も高騰します。しかし、その後、海外から安いオリーブオイルが輸入されるようになると、価格の高い日本のオリーブオイルの需要が減り、栽培も下火になってしまいました。

その後、70年代に入るとキーズ博士の「7カ国研究」などにより世界的な地中海式ダイエットブームが訪れます。その波は当然日本にもやってきて、イタリアンレストランが増え、家庭でパスタを作る人が増え、今では料理好きならキッチンに1本はオリーブオイルを置くのが当たり前になりました。この20年ほどで日本のオリーブオイルの輸入量は10倍に増え、とどまる様子はありません。

最近は街路樹や庭木の需要も多く、美しいオリーブの樹姿を街中でよく見かけます。エキゾチックな美しさに心惹かれます。庭でオリーブをどう育てるか、熱心に情報交換しているウェブサイトもあります。

オリーブオイルの輸入推移グラフ（東京税関）

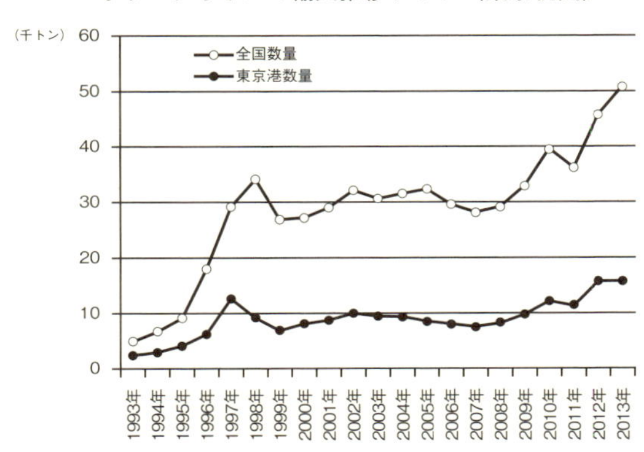

日本のオリーブ栽培

オリーブ栽培の歴史があるのは、香川県の小豆島、岡山県の牛窓ですが、ここへ来て全国で新たな取組みが始まっています。オリーブは気温がマイナス5度以下にならなければ育てられるといわれていますが、北から南まで、栽培に取り組む人たちが出てきました。九州オリーブ普及協会、関西オリーブ普及研究会はじめ、山口、広島、京都、大阪、三重、富山、福井、山梨、埼玉、新潟や宮城まで、オリーブで地域起こしをしようという動きが活発です。オリーブはいったん根づけば何十年も実り続けてくれ、また人件費がかかるのは収穫の時期だけに集中しています。そんなこともあって離農が進んだ地域の休耕田に積極的にオリーブが植えられるようになりました。

日本の主要品種はミッション、マンサニロ、オヒブランカなど。生産量はまだ多くはなく、2013年の果実の収穫量158トン、オイルにすると20トンほど。輸入量は約６万トンですから、まだ１％にもなりませんが、これから生産量が伸びれば、各地で新鮮な搾りたてのオリーブオイルを味わうこともできるようになるでしょう。日本らしい細やかに行き届いた方法でつくられたオリーブオイルは国際コンクールで入賞するものも出てきました。

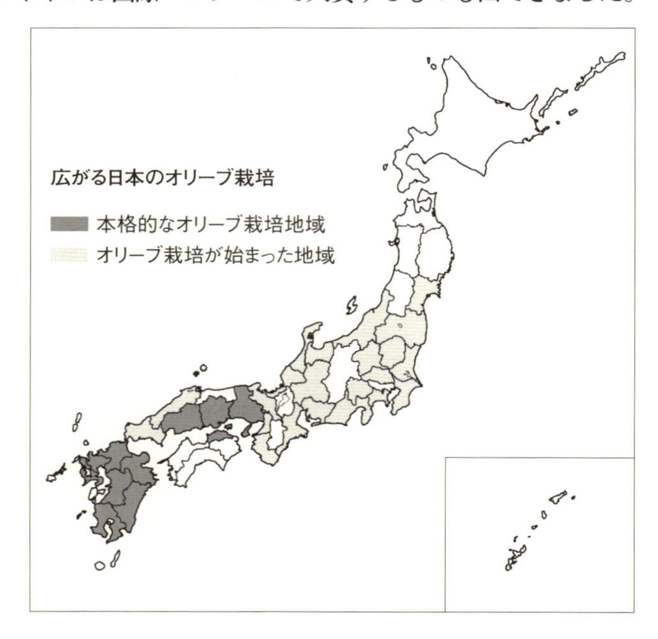

かがわオリーブオイル品質表示制度

日本でもっとも古いオリーブ栽培の歴史を持ち、産業として定着しているのが香川県です。日本の農林水産省でもヨーロッパの原産地呼称保護制度に相当する制度を作ろうと各品目で準備が進んでいますが、オリーブオイルでは他県に先駆け香川県が平成26年「かがわオリーブオイル品質表示制度」をスタートさせました。香川県産、小豆島産オリーブオイルの品質基準を定め「スタンダード」と「プレミアム」の等級をロゴマークをつけて表示します。平成29年現在、24事業所が認定を受けています。

かがわオリーブオイル
品質表示ロゴマーク

日本のオリーブオイル関連組織

●日本オリーブ協会（JOA：Japan Olive Association）
国連機関「国際オリーブ協会」（IOC：International Olive Council）と連携し、正しい知識を啓蒙する日本の組織　www.japan-olive.or.jp

●日本オリーブオイルソムリエ協会
（OSAJ：The Olive Oil Sommelier Association of Japan）
専門知識を持つオリーブソムリエの育成と資格認定。国際オリーブオイルコンテストJapan Olive Oil Prizeを主催する組織　www.oliveoil.or.jp/

●日本オリーブオイルテイスター協会（JOOTA：Japan Olive Oil Taster Association）
国際基準に則ったプロフェッショナルなオリーブオイル鑑定士を育成する組織
www.oliveoiltaster.org/

代表的なオリーブオイル

トレア小豆島産エキストラバージンオリーブ油（手摘み）

東洋オリーブ㈱　☎0120-750-271

¥3500／182g

■日本でもっとも古いオリーブ栽培の伝統をひきつぐ生産者のひとつで、小豆島のオリーブを手摘みしてオイルにし自社で瓶詰しています。OLIVE JAPAN 国際オリーブオイルコンテスト金賞受賞。

1st Origin エキストラバージンオリーブオイル 小豆島産

㈱オリーブ園　☎0120-410-287

¥4100／180g

■小豆島産オリーブオイルを手摘みしてオイルにし自社瓶詰。平成28年香川県オリーブ品評会・小豆島オリーブ振興協議会長賞・2016年ロサンゼルス国際エキストラバージンコンペティション金賞・2016年 OLIVE JAPAN2014国際エキストラヴァージンオリーブオイルコンテスト金賞受賞。

香川県が定める品質基準に適合したオリーブオイルとして品質表示されています。

アライオリーブ・エキストラバージンオリーブオイル JAPAN　大

㈱アライオリーブ　☎0879-82-0733

¥12960／185g（2017年）

■ミッション種を早摘みし自社搾油所で６時間以内に搾油。2016年度のオイルは酸度0.08%。オイルの酸化を防ぐため遮光瓶を採用、さらに窒素充填で開封までの新鮮さを維持している。

アライオリーブ・エキストラバージン
オリーブオイル JAPAN

エキストラバージンオリーブオイルうしまど

日本オリーブ㈱　☎0869-34-9111

¥3240／180g

■戦前の昭和17年から岡山県でオリーブを栽培している老舗。スペインに自社農園を持ち、国際コンクールで入賞するオイルを作っているが、こちらは岡山県の牛窓の農園の分で季節限定。他に植樹用オリーブの栽培もさかん。化粧品オリーブマノンブランドも手掛ける。

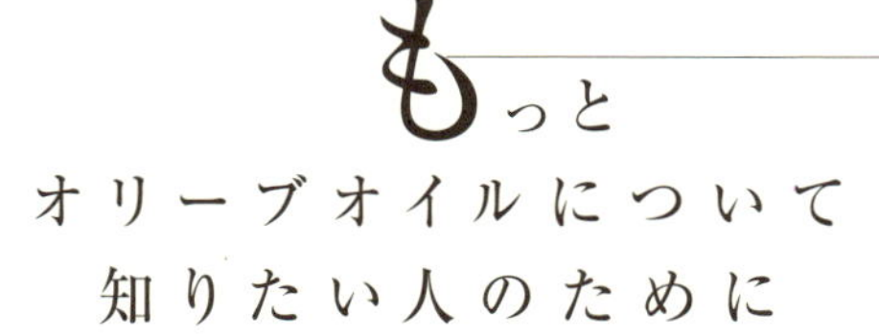

もっとオリーブオイルについて知りたい人のために

第 5 章

オリーブオイルの歴史

35 オリーブオイル自身の物語

なだらかな丘陵やブドウ畑を縁取るようにどこまでも続くオリーブの木立ちは、地中海沿岸一帯のおなじみの風景ですが、もともとは地中海の東、トルコの東南からアフリカの東北沿岸にかけて、ごく一部の地域に自生していたと考えられています。原産地と目されているのはトルコ南部の地中海に面した地域。今も野生のオリーブが自生しています。

果実を搾るだけで簡単に作れるオリーブオイルは、人間が最初に手に入れたオイルです。そもそも現在世界中で使われている「オイル」ということばの語源が、オリーブを意味するアラビア語。オイルといえばオリーブオイルでした。人間に役立つ植物として、もっとも早く栽培が始まったもののひとつで、すでに6000年前のクレタ、キプロス、シリアでさかんにオイルが生産されていたことが記録に残っています。

地中海沿岸のオリーブ栽培普及の推定経路　（国際オリーブオイル協会資料）

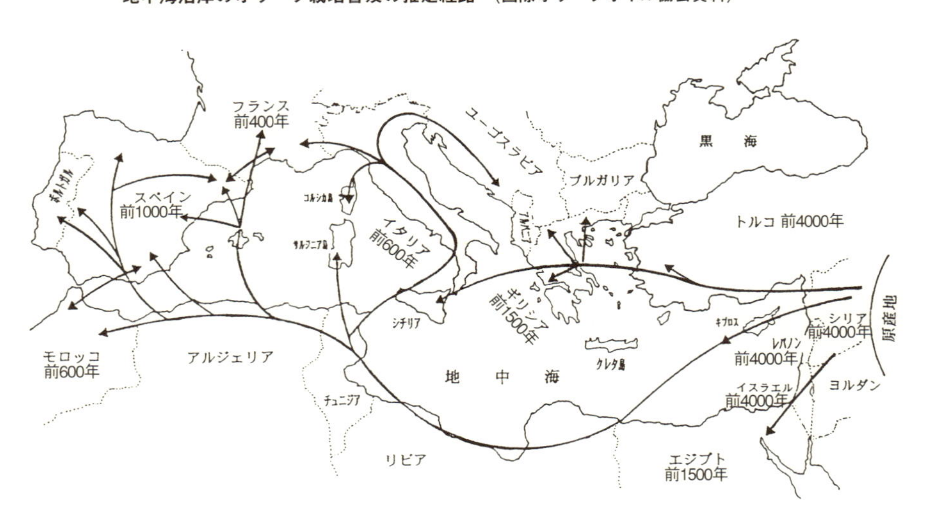

地中海の東部で始まったオリーブ栽培を、西へ伝えたのは、貿易の民であったフェニキア人でした。栽培技術はギリシャ本土、現在の南フランスにあたるゴール地方、イタリア半島からシチリア、そして南スペインへと伝えられました。

現在のように地中海全域で栽培されるようになるきっかけを作ったのが、紀元前３世紀にイタリア全土を平定したローマ帝国。当時すでに人口100万都市の規模を誇っていたローマの都では、祭儀、灯火、食用、医薬、化粧品として生活のあらゆる場面でオリーブオイルが使われました。その膨大な消費量を満たすために、有力貴族たちは属州で広大なオリーブ農園を経営し、オイルをローマに運びました。当時の産地はエジプトのアレキサンドリア、スペインのバエティカなど。とくにバエティカは世界最大のオリーブ産地アンダルシアとして、現在にその伝統を伝えます。

オリーブにまつわるさまざまの神話が世界各地に伝えられていて、ユダヤ教、キリスト教、イスラム教など、多くの宗教でオリーブオイルは聖なる油としてたいせつに扱われています。

イタリアやスペインに行くと、「毎朝スプーン１杯のオリーブオイルが健康を作る」「オリーブオイルをたいせつにする人は幸福になる」などということわざが残っています。また、イタリアでは数十年前まで、どこの会社でも、年末には１年分のオリーブオイルをまとめて買うための特別手当を支給する習慣があったそうです。家族の健康と幸福のために、ちょうどその頃できあがる新しいオイルを手に入れることは、あらゆる人の権利として認められていたとか。それはちょうど１カ月分の給料と同じくらいの金額で、それがボーナスという習慣の始まりだと言われます。

こうして人々の生活に根づいていたオリーブオイルですが、やがて他の植物油に押されぎみになる時代がやってきます。技術の発達により、それまで困難であった種子からもオイルを取り出すことができるようになったためです。種子油の中では唯一ゴマ油だけは圧搾でオイルになりますが、それ以外は、種子から抽出した油を精製しなければなりませんが、それがそれほど、難しいことではなくなりました。種子なら保存が可能で、需要に合わせて生産量や時期を調整できます。種子油から作られた食用油やマーガリンが低価格で大量に店頭に並びはじめ、店にはポスターが貼り出されました。それは産業としての食品工業が成り立った時代。昔ながらの製法の、そのぶん高価なオリーブオイルは、もちろん相変わらずたいせつにされていましたが、何となく古めかしい感じがするようになりました。

そんなオリーブオイルがふたたび世界的に注目されるようになったのは、1970年にアメリカのアンセル・キーズ博士が発表した「７カ国調査」の結果でした。この調査によって、オリーブオイルをたっぷり摂る地中海型食生活を送る人々に、心臓疾患や血管系の疾患がたいへん少ないことがわかったのです。研究が進み、神話や伝説に謳われたオリーブオイルの効能が、科学的に解明されるようになりました。

こうしてオリーブオイルの長所がはっきりすると、生産者たちも高品質のオリーブオイル作りに努力するようになりました。収穫した果実はできるだけ新鮮なうちに搾る。最新式の採油機を導入する。貯蔵は温度調節可能なステンレスタンクで。オイルテイスティングするプロの鑑定家を養成する。容器は紫外線の影響を受けない遮光瓶にするなど、ここ数十年の技術の進歩はめざましいものがあります。オリーブオイルはどんどん洗練されていき、世界各地でコンテストが開かれ、風味や品質が競われるようになりました。オイルの品質を維持する取り組みが評価され、品質基準や法律も整備されました。

6000年前のクレタでも、2000年前のローマでも、人々は何とか良いオリーブオイルを作ろうと品質について、常に関心をもち続けてきました。しかし生産者の意識の高さ、それをバックアップする科学的データの豊富さ、クオリティーの高いオリーブオイルの需要の大きさ、そうした意味で、わたしたちは、歴史上はじまって以来、もっとも恵まれた時代にいるのだと思います。遠く離れた地中海沿岸で作られた良質のオリーブオイルが、すぐ近くのスーパーマーケットにも、当たり前のように並んでいます。ラベルはイタリア語だったり、スペイン語だったり。けれど少しの知識を身につけるだけで、質のよいものをリーズナブルに手に入れることができるようになります。それは何と楽しくぜいたくなことでしょうか。

36 オリーブオイルにまつわるいろいろな物語

古い歴史を持つオリーブオイルには、さまざまなエピソードや物語があります。とりわけギリシャ神話の中には、オリーブにまつわる物語がいくつもあります。それは当時の人々にとってどれだけオリーブがたいせつだったかの証し。その中でもとくによく知られているのは、女神アテナとポセイドンの話。

アテナとポセイドン

あるときエーゲ海を望む美しい町の所有権をめぐって、女神アテナと海神ポセイドンが争いました。いつまでたっても争いが終わらないので、ゼウスは、二人のうちどちらか、町の人々により良い贈り物をした方に町を与えることにしました。

ポセイドンは携えていた三股の鉾をたかだかと振り上げて大地を打ち、美しい駿馬を出しました。この馬ならどんな戦車も軽々と引くことができ、人々は戦いに勝利するに違いありません。

続いてアテナも手にした杖で大地を打ち、たわわに実るオリーブの木を現しました。

神々が相談した結果、平和のシンボルであるオリーブこそ人々の役に立つ良い贈り物だということになりました。ゼウスはアテナに勝利を与え、町の名はアテネに決まりました。アテネの高台にある巨大なパルテノン神殿は守護神のアテナに捧げられたもので、その脇に生えているオリーブはアテナが大地を打って現したものだと言われます。

オリーブ栽培はギリシャの人々に豊かな富をもたらしたので、戦争になると侵入して来た外敵はまずオリーブ畑を破壊しようとしました。オリーブの木を守ることが平和を守ること、そこでオリーブが平和のシンボルになったと言われます。

女神アテナはローマ神話では知恵の女神ミネルバと呼ばれます。ボティチェリが描いた「四季」と呼ばれる絵の中で、ミネルバはオリーブの冠を頭にいただいてほほえんでいます。

ヘラクレス、そしてヘルメス

オリーブは、勝利と栄光の象徴でもあります。ゼウスの誉れをたたえてオリンピック競技が開催されることになったとき、ヘラクレスがわざわざゼウスのために「北方の常春の国」から持ち帰ったのがオリーブだと言われています。オリンピックの勝利者には「ヘラクレス－ゼウス」という称号が与えられ、最高の名誉のシンボルとしてオリーブの冠が与えられました。

オリーブの栽培方法を考え出したのはヘルメスです。踵(かかと)につばさのついた靴を履き、誰よりも早く空を飛んだヘルメスは、神の世界からのすばしっこい伝令で、数々の発明を人間にもたらした商業の神様でもありました。オリーブを種から育てるとその後何年も実がつきませんが、野生のオリーブに栽培種を接ぎ木すれば、すぐに実がつくようになることを教えたといわれています。

レスリング場のオリーブオイル

オリーブオイルは食用ばかりでなく、古くから薬用としても使われてきました。とくに果実がまだ緑色をしているうちに搾ったオイルはオンパキノスといってたいせつにされ、薬草を混ぜて軟膏やクリームの基材にしたり、あるいはそのままマッサージオイルとしても頻繁に用いられました。

古代ローマの貴族の少年たちは、競技場でレスリングをするときに、体中にオリーブオイルを塗って、試合に臨むのが習慣でした。レスリング場の前を通るとき、若者達がつけるオリーブオイルの香りが漂ってくるほどロマンチックなものはない、それは女性の香水よりかぐわしいと、ある詩人が歌ったほど。少年たちがオリーブオイルを使うのは、身体を保護するためと、強い屋外の直射日光の影響を防ぐため、またその鍛練した美しい体を彫刻のように輝かせるのが目的でした。戦いのすんだ少年たちは砂とオイルで泥まみれになります。その体からこそげ落とされた砂は、ふたたび集めて燃料として売られたといいます。

鳩がくわえてきたオリーブの枝――『ノアの方舟』

オリーブといえば誰でも思い出すのが旧約聖書創世記にある『ノアの方舟』の物語。それはこんなふうに始まります。

アダムとイブから何世代もたった子孫たちは、地上で、悪事をはたらくなど、自分たちの生をないがしろにしていました。神は人間を作ったことを悔いて、清い生活を送っていたノアの一族以外を滅ぼそうと思い、ノアに方舟を作ることを命じます。「おまえと家族、清い生き物のすべてを７つがいずつ。清くない生き物たちを１つがいずつ。すべての鳥たちを７つがいずつ。それぞれを子孫につなげるため船の中に入れよ。その後40日と40夜の間、絶え間なくこの地に雨を降らせよう」

洪水は地上を覆い、高い山々もことごとく水に沈みました。150日の間、方舟は水面を漂い、やがて水がひきはじめると、アララト山の頂きに止まります。

ノアは外の様子を調べるために、カラスを放ち、つぎに鳩を放ちますが、どちらもすぐに戻ってきてしまいました。７日後に再び鳩を放つと、緑のオリーブの小枝をくわえて帰ってきました。さらに７日後、鳩を放つと鳩はそれきり戻ってきませんでした。それで大地がすっかり乾いたことを知ったノアは、一族とともに方舟の扉を開けて外に出ました。

方舟がひっかかったというアララト山は実際に、カスピ海と黒海をつなぐ山脈のちょうどまん中にあります。メソポタミアをはじめ各地に似たような洪水伝説があり、紀元前数千年のどこかで大洪水があったというのは事実ではないかと考えられています。この地方に茂るオリーブの木々は、創世記に描かれたオリーブの子孫というわけ。オリーブの枝をくわえて戻ってきた鳩は、平和の訪れ、春の訪れのシンボルでもあります。

サマリア人の傷をいやすオイル

「汝の隣人を愛せ」というキリストのことばは、クリスチャンでなくとも誰もが知っているほど有名ですが、この教えが出てくる聖書の一節にオリーブオイルが登場します。それは「よきサマリア人」というたとえ話です。

キリストがあるとき教会で「汝の隣人を愛せ」という教えを説いていると、ひとりの律法学者が「隣人といっても、いったいそれは誰のことですか」と尋ねます。キリストはこんな話をしました。

「イスラエルの旅人がエルサレムからエリコに下ろうとして寂しい山道の途中で山賊に遭い、身ぐるみをはがされ、半死半生の目にあった。そこへ司祭とレビ人が通りかかったが、かかわりあいになるのを避けて道の反対側をそそくさと去っていった。そこへサマリア人がやってきて、オイルとワインを傷口に注いで包帯をし、自分のロバに乗せて宿に連れていった。そして宿の主人に２デナリを渡して看病するように頼み、費用がかさむようなら、帰りに自分が支払うからと言って去っていった。このサマリア人こそ隣人というものだ。あなたもサマリア人のように隣人を愛しなさい」

サマリア人が傷の手当に使ったのがオリーブオイル。キリストの時代、オリーブオイルはたいせつな薬でもありました。このサマリア人のエピソードは、もっとも好まれた宗教画のテーマで、ルーベンスをはじめ、たくさんの画家が描いています。傷ついた旅人を受難のイエスになぞらえたり、介抱したサマリア人を愛の具現者イエスとして描いたり、さまざまに表現されています。

アッラーの神とオリーブの木

オリーブの木の原産地はトルコの南アナトリア地方あたりであろうと目されていますが、これらの地域にもオリーブについてさまざまな伝承があります。中東の大半は今でも厳格なイスラムの世界。７世紀メッカに生まれたマホメッドを開祖とするイスラム教は、唯一神のアッラーを信じ、最後の審判と神に帰依して善行を積み、魂の救済を求めます。

マホメッドの口を借りて語られる神の言葉を記録した経典がコーラン。コーランの中でオリーブは神に捧げる光のシンボルです。

「アッラーは天と地の光。この光をたとえて言うなら、神殿の壁に置かれた灯明だろうか。灯明はガラスに包まれ、きらめく星のよう。火をともすのは聖なるオリーブで、これは世界のどこにあるものとも違う神のオリーブ。その油は火に触れなくとも自ら燃え出すばかりに輝いている。光の上に光を加えて輝いている。アッラーは御心のままに、人々をその光のところまで導いてくださるのだ」（コーラン80：24〜32より意訳）

また、アッラーがどれだけ人間に恵みを与えたかについては、こんなふうに説いています。

「人間には、おのが食べ物のことを考えさせてみるがよい。われらは、豊かに水をそそぎ、大地に割れ目を造り、そこに育てるものには、穀物あり、ブドウあり、青草あり、オリーブあり、ナツメヤシあり、うっそうと茂った庭園あり、牧草あり、みなおまえたちとその家畜の便利に供さんがためである」（同上）

マホメッドが見た夢の話もよく知られています。その夢の中には天にも届かんとする大木がそびえており、木のうろの中には賢人が、高く伸びた幹のまわりを天使たちがひらひら飛び回っていたというのです。夢判断をする者があって、この木は宇宙の中心にそびえる宇宙樹であって、この世と天界を結んでいる、清き信仰の生活を送れば、幸福な天界にたどり着けるという教えだと明かされます。この大木こそオリーブだったので、以来イスラム世界でオリーブは、ますますたいせつにされるようになったそうです。

第6章

オリーブオイルの春夏秋冬

37 オリーブの1年は、こんなふうに、毎年ゆっくりと過ぎていきます

オリーブは、モクセイ科の常緑樹。ジャスミンやヒイラギなどと同じ仲間の、美しい木です。樹齢は軽く100年を越え、エルサレムには1000年を越える古木があります。オリーブの産地では、村はずれに樹齢数百年を優に越す大木が枝を広げ、村の守護神としてまつられていることもよくあります。栽培種は収穫しやすいよう人の背丈ほどに剪定されますが、野生のオリーブは10mから15mにも育ちます。幹はごつごつとしていて、そこから細くしなやかな枝が何本も伸び、先のとがった流線形の葉が茂ります。葉の表は濃い緑色で、裏には細かな白い毛が生えています。オリーブ畑に風が吹くと、いっせいにひるがえる葉裏で銀色のさざ波が起こり、風の流れといっしょに波がわたるさまはそれは見事なものです。

オリーブは世界中に数百もの品種があり、ブドウと同じように砂や石ころだらけの痩せた土地でも育つことができ、乾燥にもよく耐えます。

春先になると、オリーブはマッチ棒の頭のような小さな緑のつぼみを無数につけ、このつぼみが、５月から６月にかけて、穏やかな天気のよいある朝、いっせいに花開きます。４枚の花びらの、小さな白い星のような花で、大きさは５ミリ程度、香りもあるかなきか、鼻を近づけるようにしてやっと、かすかな甘い香りを感じることができます。このひそやかな花から、花粉が溢れんばかりにこぼれ落ち、木の周囲には黄色い花粉が点々と飛び散って、その圧倒的な生命力を見せつけます。

オリーブは風媒花。花粉は風にのって山を越え、何キロも運ばれていくことがあります。自分の品種の花粉では実を結ばないことが多く、畑にはちがった品種のオリーブがいっしょに栽培されるのが普通です。無数に咲いた花のうち、実になるのはわずかです。７月ころに小さな実をつけ、はじめは固く、緑色をしていますが、夏から秋にかけて、大きく育っていきます。実の中の核が硬くなり、その中の種が育っていきます。また、果肉の中には油分

がどんどん増えているのです。

果実が大きくなってきたらそろそろ収穫です。テーブルオリーブにする実は、青いうちから摘み始めますが、オイルを搾る実はさらに何カ月か、枝の先で熟すのを待ちます。熟した頃あいの実は、それまで濃い緑色をしていたのが、あるとき急にツヤツヤと輝く明るい緑に、あるいはピンクや紫の絵の具を刷毛で塗ったかのように変化します。オリーブの実が輝きだしたら、それが収穫の合図。収穫は晩秋から真冬にかけて、1年でもっとも寒い季節に行われます。

収穫のすんだオリーブの木は、翌年もまた花芽がたくさんつくように剪定されます。剪定された枝はそのまま畑のわきに積み上げられて、発酵すると堆肥として使われます。そして、市場に新しいオイルが出回るのは春の始め、畑では再び、オリーブが枝の先に小さな緑のつぼみをつけます。そうしてオリーブの木の新しい1年が再び始まります。

38 果実の収穫、それはオリーブ畑が1年でもっとも活気づくとき

オリーブの収穫は、早いところでは10月の末から始まり、２月の半ばころまで続きます。オリーブ栽培は、ふだんはそれほど手がかかりませんが、収穫のこの時期ばかりは、たくさんの人手が必要です。人手を雇う余裕のない小さな農家では一家総出で、近所同士が互いに助け合います。大きな農場では季節労働者を雇います。地元には何代にもわたってオリーブの収穫を専門にしている熟練の職人もいますし、毎年この時期にやってくるアラブからの出稼ぎ、ノマドたちも、収穫に参加します。

オリーブの産地には、今日は西の山の畑を、明日は湖のまわりの畑をと、オリーブの熟し具合を調べて収穫日を決めるオリーブマスターがいます。マスターからＧＯサインが出ると、おおぜいの人が朝もまだ明けきらないうちから畑に出てオリーブを摘みます。昼過ぎには実を摘み終えてトラックに乗せ、その日のうちに搾油工場に運びたいからです。

オリーブの実は摘んだ後、早く搾るほど、品質の高いオイルが採れます。ひと昔前までは摘んだ実をしばらく溜めておいて、少し乾燥させた方がオイルの収量が増えるので良いなどと言われていたものですが、今では多くのメーカーが少なくとも72時間以内に、理想的には24時間以内に搾ることを目標にしています。だから収穫は時間との競争。みんな腕まくりして、朝早くから畑に飛び出していくというわけです。

収穫方法——原始的な方法から機械を使う最先端の方法まで

棒でたたいて落とす

ギリシャの遺跡から出土したテラコッタの瓶に、長い枝をもった人々がオリーブの実をたたいて落としている優美な赤絵が描かれています。有名な瓶なのでごらんになった方も多いのではないでしょうか。長い棒で枝をバサバ

サたたいて実を落とす方法は実に原始的ですが、紀元前の時代から今も続いている方法です。木の下に青や緑のネットを敷き、落ちて来た枝や葉といっしょに実を集めます。手の届かないところも取ることができますが、難点は実を無理やりたたき落とすので、木が傷んでしまい、翌年の実のつきが悪くなることです。もともとオリーブには豊作と不作を１年ごとに繰り返す性質がありますが、この荒っぽい方法がさかんだったころは、収穫量の変化は今よりずっと大きいものでした。

機械で揺すって落とす

大規模な農園では、収穫用の機械を使います。トラクターのような機械に振動する腕がとりつけられていて、これで幹を揺すって、木の下に広げたネットに果実を落とします。そのけたたましい音といったらありませんが、熟した実だけが落ちるので、大きな音のわりに木のダメージは小さく、翌年の収穫がガクンと少なくなることもありません。ただ、大きなキャタピラーは急勾配の斜面や小さなオリーブ畑では運転できず、しかもこの機械は高価で小規模農家には不経済です。また機械を導入するためには、木と木の間隔を広く空けるなど、あらかじめ農園を整備しなければなりません。そこで最近は、小型の、ひとりで持って使えるマシンも登場しています。

手で摘む

一番ていねいな収穫方法は手摘みです。小さな熊手で果実をこそげ落としたり、両手で枝を１本ずつしごいて取ったりします。熊手はまれに果実に傷をつける場合があるので、手摘みとはいえ少し荒っぽい方法です。木の下にネットを敷いて、果実をバラバラと下に落とします。

手でしごくのは、熟した果実だけを選んで、ひとつひとつ目で確かめながら摘むもっともていねいな方法。桃や梨の実もそうですが、オリーブもいったん傷がつくとたちまちそこから腐ってしまいます。手摘みほど果実をたいせつにする方法はありませんが、人手がもっともかかる方法なので、極上のオリーブオイルを作るためにしか用いられません（→158ページ）。

落ちている実も集めます

　地面の上に落ちている実も拾い集められますが、すでに発酵が始まっていることが多く、上質なオイルは望めません。拾い集めた果実は摘んだ果実とは別に集めてオイルにし、その後、精製にまわされて欠点を取り除く加工を施します。

39 採油工場にはウキウキした気分が。さあ、いよいよオイルの誕生です

オリーブの採油工場は１年のこの時期にしか稼働しません。ひっそりかんとしていた工場は、シーズンが始まるまでにすべての機械の点検を終え、ぴかぴかに磨き上げられて果実の到着を待っています。やがて工場にはオリーブを満載したトラックやオート三輪がひっきりなしに到着し始めます。コンテナにオリーブの実を運び入れる人、重さを計る人、採油工場は活気にあふれ、どこもかしこも、独特の、ナッツのような、コクのある、かすかに甘い、重みのある香りが漂っています。

工場は、果実をストックしておくコンテナと、それを搾る採油機、そしてできたオイルを保存するスペースから成り立っています。工場の中心に大きな石臼と圧搾機か遠心分離機が備えられていて、これで果実を搾ります。大きな機械なので、１回運転するのに十分な量の実が集まるのを待っています。先に運びこまれたオリーブの実はコンテナに入れておきます。あまり長時間置きっぱなしにすると、オリーブの実は自らの重みで潰れ、発酵が始まり、風味がそこなわれてしまうので、収穫量と搾油機の運転スケジュールの調整がたいせつです。トップクラスのメーカーでは収穫後、数時間以内に搾ってしまい、新鮮なオイルを作っています。

搾油の前に、オリーブの実は混ざっている枝や葉を取り除かれ、さっと水洗いされます。

オリーブオイルを搾る方法は、基本的には古代からほとんど変わっていません。ギリシャや古代ローマでは、すりこぎのようなもので実をつぶし、それを布に包んで搾ったのだろうと想像されています。出てきた果汁を置いておくと水分とオイルに分かれます。だから特別な道具などなくても、オイルが作れました。

時代が下って、オイルの需要が大きくなると、オイルを搾る方法も大がかりになります。大きな石臼にたくさんの果実を入れ、人力やロバなどの力を使っていっぺんに大量のペーストを作り、エスパルトグラスという植物で編んだ丸いマットに広げて、それを何十枚も重ねて重しをかけ、搾り出しました。これが現在の圧搾法のルーツで、1950年ころまでは、もっぱらこんな方法でオイルは搾られていたのです。

現在は、圧搾法と遠心分離法、そしてパーコレーション法でオイルを搾っています。遠心分離機が登場したのが1950年代、パーコレーションマシーンが登場したのは1970年代です。これらの技術革新によって、よりスピーディーに、より清潔にオイルを搾ることができるようになりました。もちろん、どんなに機械化されても、すり潰す、練る、搾る、濾すという物理的な方法だけで仕上げるオリーブオイルが最高とする考え方は変わりません。

40 いろいろな採油方法、その1 昔ながらの伝統的な圧搾法

圧搾法は、石臼で実を砕き、圧搾機で搾る伝統的な方法です。水も足さず、熱も加えないので、オリーブオイルの風味をもっとも生かす方法とも言われ、各地の品評会に登場するオイルの中には、わざわざこの古い圧搾法にこだわって作られたものも見かけます。

圧搾法では、まず円盤型や円錐型に削り出した大きな石臼をごろごろ回転させてオリーブの実をすり潰してペーストを作ります。油を搾りやすくするためペーストをミキサーでよく練ってから、丸いマットに一枚ずつペーストを広げてのばします。

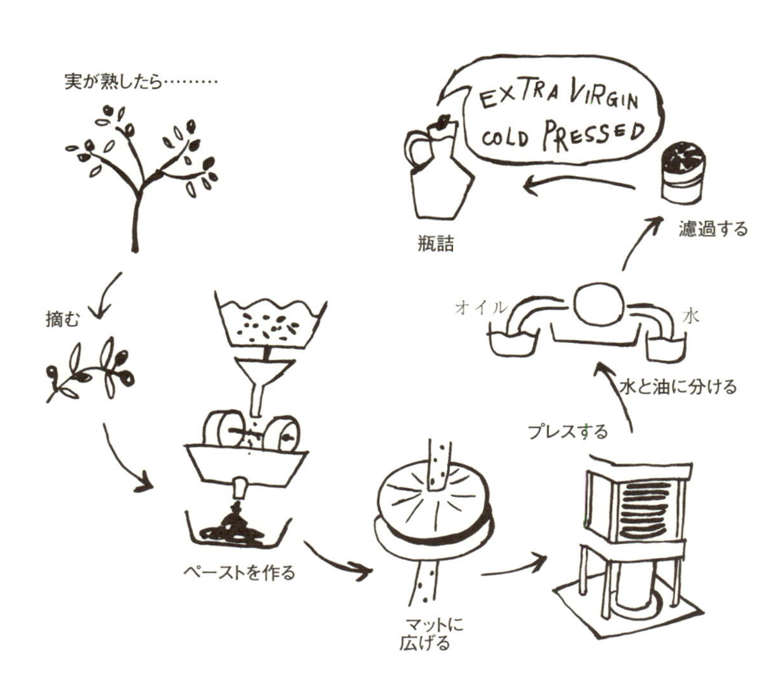

マットは昔はスパルトという麦わらで作られた扱いが難しいものでしたが、今は洗いやすく清潔なポリエステル製で、真ん中に穴があいていて、そこに芯棒を通して高く積み上げられるようになっています。数百枚も積み重ねたマットはまるで巨大な円柱。これを圧搾機にセットしてスイッチを入れると、台が下から少しずつせりあがってきて、マットの柱に圧力をかけます。するとマットの隙間から果汁が勢いよくあふれ出します。1回の圧搾は2時間くらい。徐々に圧力をかけていく方がえぐみが出ません。

果汁は油分と水分が混ざっています。これを静かにおいておくと、水分は下に、オイルは上澄みとなって2層に分かれるので、オイルだけを取り出して濾過し、それから地下に設けたデカンティング漕にねかせます。デカンティングとはオイルに混ざっている果肉など、細かい固形物を沈殿させて取り除くこと。オイルの個性が強すぎる場合、エイジングといって、1カ月ほどねかせてマイルドにすることもしばしば行われます。デカンティングが終わるとタンクに入れて保存します。

最近は圧搾機で搾った果汁をすぐに遠心分離機にかけてオイルを取り出し、貯蔵するメーカーも増えています。遠心分離機にかけると、オイルと水分が触れている時間を短くすることができ、品質のよいオイルができることがわかったためです。圧搾機で搾り、最後の段階だけ遠心分離機を使うオイルも、圧搾法のオイルと呼ばれます。

圧搾法は、どの工程にも人手と時間がかかります。新しく登場している他の搾油法が工程の途中でなるべく空気に触れないように密封を工夫しているのに比べ、圧搾法は広い空間の中で行う昔ながらの方法で、扱いが悪ければ酸化につながりやすい欠点があります。コンクールの常連のオイルメーカーがそれでもこの圧搾法を採用しているのは、ひとえに風味のすばらしさのため。そのための職人の熟練と工場の清潔を保つ並外れた努力が必要です。単に昔ながらの機械を使っているだけでは、現代の高い品質基準の要求には応えられません。

41 いろいろな採油方法、その2 機械を導入してスピーディーな遠心分離法

遠心分離法は、すべての機械がひとつの連続したラインで結ばれていて、オイルを取り出すのに、2～3台の遠心分離機を使うのが特徴です。果実をスピーディーに大量に処理できるので、大メーカーや大きな協同組合などはほとんどこの方法を採用しています。現在オリーブオイルの80%がこの遠心分離法で作られていると言われます。

ラインは（洗浄機）→（果実をつぶしてペーストを作る破砕機）→（ペーストを練る攪拌機）→（果汁と搾りかすを分ける遠心分離機）→（オイルと水に分ける遠心分離機）でできています。密閉されたパイプの中ですべての作業が進んでいきます。最新設備の中には、パイプの中を窒素充填して酸化を防ぐ方法も採用されています。ボタン操作ひとつで機械を運転でき、人手もかからず、衛生的でスピーディーです。

遠心分離法の問題は、破砕機で作るペーストが粗いため、オイルを取り出す効率が悪いこと。そこで、オイルを取り出しやすくするため、ペーストに熱を加えて練ります。風味を損なわないよう加熱は30度以下にすることになっていますが、中にはもっと高温にするところもあると言われます。高温にしすぎると、オイルに焦げた匂いがついてしまいます。またペーストが固すぎると遠心分離機が回転しにくいので、やわらかくするためペーストに水を加えます。水分は後で取り除かれますが、その時に芳香成分の一部が水に溶けて失われてしまうのが難点。そのため、遠心分離法のオイルは、オリーブらしさが薄められ、圧搾法よりおとなしくなる傾向があります。この問題をクリアするために、新しい3層式の遠心分離機では、ペーストを練る時に加える水を単なる水でなく、オリーブの果実から搾った果汁にして、成分の流失を抑える努力もしています。オイルは1日ほどねかせてからタンクに保存します。

42 いろいろな採油方法、その3 最新式のパーコレーション法

金属イオンの性質を利用して、果汁の中からオイル分だけをステンレスの板にひきつけて集めるパーコレーション法もあります。オリーブのペーストから、いったん遠心分離機で果汁を取り出し、その後パーコレーションマシーンでオイルだけを取り出します。無理な圧力をかけないのでえぐみもなく、品質のよいオイルが採れると言われていますが、効率はあまりよくありません。この方法はシノレア方式とも呼ばれ、オイルを差別化し高品質のオイルを作る方法のひとつです。

43 採ったオイルは分類して、出荷まできちんと貯蔵します

採ったオイルは、品種ごとに、あるいは収穫期の早いうちに採った辛いオイルと、遅めのマイルドなオイルといった具合に、それぞれの特徴に従って、別々に貯蔵します。最新のタンクは温度調整機つきのステンレス製で、日光や空気を完全に遮断し、オイルの長期保存に耐える優秀なものです。タンクの容量もいろいろで、ごく小さなものから２階建ての建物ほどある巨大なものまで、メーカーは用途に合わせて選ぶことができます。その年のすべてのオイルを採り終わったら、メーカーは、自分たちが商品としてイメージするオイルを作るために、単一品種で、あるいはいくつかの品種や収穫時期の違うものなどをブレンドして瓶詰し、スパイシーなオイル、マイルドなオイルなどとして最終的な商品に仕立てます。ひとつのメーカーが、ブレンドの仕方を変えていくつかのオリーブオイルを作り出すこともよくあります。

44 オリーブオイルは製品にする前に、品質を厳しくチェックします

オリーブオイルの品質は、果実の状態やオイルの搾り方によって大きく変わります。そこでメーカーは、できあがったオイルを分析にまわします。品質のチェックは、人間の鼻と舌を使う官能検査と、機械を使う化学的成分分析があります。

官能検査

いわゆるオイルテイスティングです。オイル鑑定士が8〜12名でパネルと呼ばれるグループを構成し、銘柄を隠したブラインドテスト方式でテイスティングし、その結果を集計した平均値がオイルの評価になります。その様子はワインのテイスティングにちょっと似ています。鑑定士たちは五感に優れた身体能力を持つことを証明されていなければならず、また訓練を受けたプロフェッショナルでなければならず、その選出の仕方、訓練の仕方が細かく定められています。テイスティングに参加する鑑定士のチェック項目の中には、鑑定士がひどく怒っていたり、悲しみに沈んでいたりしていないか、情緒的に不安定になるようなことがなかったか、などというものまであります。情緒的なストレスが大きいとテイスティングの判断が正しくならないからだそうです。テイスティングルームや使用する道具も広さや形、色まで細かく決められています。

さて、テイスティングでチェックすべきもっともたいせつな要素はフルーティーさが感じられるかどうかです。その他、辛みや苦みなど、どのような個性を持っているかを調べます。そのままの状態で食用にできるオイルはバージンオイルに分類します。好ましくない匂いや味があるなど、欠点があるオイルは「ランパンテ」に分類し、精製にまわして欠点を取り除いてから、ピュアオリーブオイルを作ります。ランパンテはもともとは「ランプ用」と

いう意味で、昔は食用にできませんでしたが、今では精製をかけてバージンオイルを足せば食用にできます。精製オリーブオイルの処理工程は、同じく精製によって作り出される種子油の工程とよく似ています。

化学的成分分析

オイルの産地には半官半民の小さくてかわいい清潔なラボラトリーがいくつもあり、生産者が持ってきたオイルを検査して分析表を出すのを仕事にしています。ラボラトリーでは、酸度と酸化物の有無、紫外線を吸収する度合い、その他、必要項目を調べます。

酸度は、オイルの等級を決めるのにもっとも重要な数値で、数が小さいほど新鮮です。オイルは、脂肪酸とグリセリンが結びついたものですが、収穫のあと果実のままで放置されると、この結合が解けてしまいます。この状態を遊離といい、遊離した脂肪酸は、次に始まる酸化の前段階です。この量をクロマトグラフという機械で測り、主成分のオレイン酸に換算してパーセンテージで示したものが酸度です（→162ページ）。

酸度0.8％以下ならエキストラ、２％以下ならバージンオイル、酸度２％を越えるとランパンテとして精製にまわされます。

45 オリーブオイルの等級

国際オリーブ協会（IOC：International Olive Council）はオリーブ栽培と生産の保護を目的とする国際機関。現在43カ国のオリーブ生産国が加盟し、生産量シェアは世界の97％に及びます。オイルの等級はIOCによって製法と品質別に等級に分けられ、世界共通の品質管理が行われてます。

バージンオリーブオイルと精製オリーブオイル

オリーブの果実から物理的、機械的処理だけで搾ったオイルがバージンオリーブオイルです。薬品処理や精製はいっさい行わず、砕いたり、練ったり、圧搾や濾過をするだけで採ったオイルです。オリーブオイルがフレッシュジュースだといわれるのはそのためです。オリーブオイルができるとオリーブ鑑定士の官能検査とラボラトリーによる成分分析を受け、品質の高い順に〈エキストラ〉、〈バージン〉、〈オーディナリー〉、〈ランパンテ〉に分けられます。ランパンテはランプ用の意味で、加工用です。バージンオイルのままで使えるのは全生産量の40％だけといわれ、それ以外は精製にまわされます。

エキストラバージンオリーブオイル

エキストラバージンオリーブオイルは、欠点がなく、果実由来の香りや味などのいきいきしたオリーブらしさのある、酸度0.8％以下の極上オイルです。一番たいせつにされているのは果実由来の風味。産地や品種、摘果の時期で異なるそれぞれの個性を楽しむオイルです。

バージンオリーブオイルとオーディナリーバージンオリーブオイル

わずかに欠点があるものの、果実からくる好ましい風味があり、そのまま食用オイルとして使えるもの。等級の高い順に〈バージン〉と〈オーディナ

オリーブオイルとオリーブポマースオイルの等級

オリーブオイル（Olive Oil）	
バージンオリーブオイル（Virgin Olive Oil）：果実から機械的・物理的方法のみで搾ったオイル	
エキストラバージンオリーブオイル（Extra Vergin Olive Oil）	オリーブ果実由来のフルーティーな風味を持ち、欠陥がなく、酸度0.8%以下。
バージンオリーブオイル（Virgin Olive Oil）	欠陥がわずかにあるが（9点中3.5点以下）、フルーティーな風味を持ち、酸度2.0%以下。日本では販売不可。
オーディナリーバージンオリーブオイル（Ordinary Virgin Olive Oil）	フルーティーだが欠陥がやや目立つ（3.5点を越え6点以下）。または欠陥はわずかだが（3.5点未満）、果実味がない。酸度3.3%以下。日本では販売不可。
ランパンテバージンオリーブオイル（Lampante Virgin Olive Oil）	欠陥が強く感じられ（6点以上）、酸度3.3%越え。精製しなければ使用できないバージンオイル。
精製オリーブオイル（Refined Olive Oil）：バージンオイルを精製したオイル	
精製オリーブオイル（Refined Olive Oil）	ランパンテを精製したオイル。酸度0.3%以下。工業用。食用にしない場合はこのまま使う。
オリーブオイル（ピュアオリーブオイル）（Olive Oil〔Pure Olive Oil〕）	精製オリーブオイルに食用可能なバージンオイルを足してフルーティーさを取り戻させた食用精製オイル。酸度1%以下。
オリーブポマースオイル（Olive Pomace Oil）：搾った後の残渣（ポマース）から溶剤抽出したオイル	
クルードオリーブポマースオイル（Crude Olive Pomace Oil）	ポマースから溶剤抽出して取り出した原料オイル。クルードは加熱の意。精製用。
精製オリーブポマースオイル（Refined Olive Pomace Oil）	クルードポマースオイルを精製したオイル。酸度0.3%以下。工業用。食用にしない場合はこのまま使う。
オリーブポマースオイル（Olive Pomace Oil）	精製オリーブポマースオイルに食用可能なバージンオイルを足してフルーティーさを取り戻させた食用精製ポマースオイル。酸度1%以下。

リー〉があります。原産国では普通に流通していますが、日本の食物油の基準では酸度２％以下は輸入できません。

精製オリーブオイル

ランパンテに分類されたバージンオイルは精製をかけます。酸度が3.3%以上で、なんらかの欠点があるオイルも、精製還元されて酸度が抑えられ、脱色・脱臭・脱ガムなどの加工で無色透明・無臭になります。オイルの化学構造を変えるような加工は認められていません。精製後の酸度は0.3%以下が求められています。薬用あるいは工業用にはこのまま使います。

オリーブオイル（ピュアオリーブオイル）

等級として、単にオリーブオイルとだけ呼ばれているのは、精製オイルに食用バージンオイルを足したもののことです。バージンオイルのブレンド率はメーカーに任されており、10％程度が普通といわれています。酸度は１％以下。オリーブだけでつくったことを強調して、ピュアオリーブオイルと呼ぶこともあります。価格は抑えめでしばしば大きいボトルで売られています。

オリーブポマースオイル

オリーブオイルを搾ったあとの搾りかすをポマースまたは残渣（ざんさ）といいます。ポマースには油分がかなり含まれています。冬のさなかの搾油工場は、昔は乾かしたポマースをストーブで焚いて暖を取ったものです。このポマースから溶剤を使ってオイルを抽出します。毎日、搾油が終わる頃に業者が工場にやってきて、ポマースだけ買い集めていきます。溶剤抽出は種子油の製法と同じで、大がかりな化学工場の設備が必要です。そのため、設備がまったく異なるので、搾油と溶剤抽出を一緒の工場で行うことはありません。溶剤抽出したオイルはクルードオリーブポマースオイルといいます。油脂の合成や、他のオイルの混合は禁じられています。工業用にはそのまま使いますが、食用にはバージンオイルを足します。必ずオリーブポマースオイルと名乗らなければいけません。

46 ピュアということば

日本に輸入されているオリーブオイルは、等級別に「エキストラバージンオリーブオイル」と「オリーブオイル（またはピュアオリーブオイル）」、少量ですが「オリーブポマースオイル」があります（→10ページ）。

「ピュア」は精製オリーブオイルとバージンオイルを混ぜたもの。「ピュア」ということばが使われるようになったのは第１次大戦前後で、当時、他の種子油を混ぜた安物のオリーブオイルが出まわるようになり、自分たちのオイルを区別したいと思ったオイルメーカーが「ピュアオリーブオイル」と名乗ったからと言われます。現在は他のオイルと混ぜることが法律で禁じられていますから、わざわざピュアと言うまでもないというので、この等級を単に「オリーブオイル」と呼ぶ生産国が増えています（ただしこの本では、一般名称を示すときのオリーブオイルと区別したいので、等級を示すときは敢えてピュアオリーブオイルという名称を使っています）。

一方、わたしたちは「ピュア」や「純正」を高品質の証しとして好む傾向があり、オリーブオイルが身近になった今もエキストラバージンよりピュアの方がランクが高いと考える人もいます。そのため日本のラベルには、エキストラバージンにも「ピュア」とつけ加えられることがあります。たしかにピュアに違いありませんが、これが混乱のもと。違いがわかりにくいので、エキストラバージンには、精製していないフレッシュなオイルであることを強調するために「リッチ＆フルーティー」、「スペシャルフルーティー」などということばを加えます。ついでに従来のピュアオリーブオイルには、「ナチュラル100％」などとします。というわけで、日本のラベルはややこしいことになっています。等級ではなく製品の性質を示すコピーと考えるとわかりやすいでしょう。

47 収穫年と賞味期限

収穫年

オリーブの収穫時期は品種によって、あるいは地方ごとの気候の関係で、かなり違います。南の温暖な地域では早いところでは9月頃から始まり、北の涼しい地域では熟すのが遅く2月過ぎまで収穫が続きます。収穫時期が年度をまたぐので、2017年／2018年という具合に記載されます。あるいは収穫時期が細かく特定されて2017年11月と書いてあったり2018年2月と書いてあったりすることもありますが、これは同じシーズンのオイルです。最近はわざわざ収穫時期を明示するのはやめて、賞味期限だけを記載する製品が多くなっています。

賞味期限

賞味期限は、ラベルに印字されたり、パンチングされたり、あるいは瓶についているしおりに書かれています。

国際オリーブ協会ではかつて、瓶詰から12～18カ月を賞味期限として推奨していたこともありましたが、どのようにオイルを作るかで賞味期限の長さが違ってくるため、今ではすべてメーカーに任されています。

オイルの賞味期限は、収穫時期、収穫方法、搾油方法、貯蔵方法などの条件で変化しますが、メーカーの保存技術が格段に進歩を遂げているため、かなりロングライフになりました。できあがったオイルは、清潔な貯蔵庫で、空気を完全に遮断した温度調整器つきのステンレスタンクに保存され、収穫から1年以上たっても驚くほど新鮮な風味を保つことができるようになりました。オリーブオイルは注文を受けると出荷の都度、瓶詰されるので、そこから賞味期限を決めるのが普通です。

保存している間にオリーブオイルに起こる変化

時間の経過とともに最初に失われていくものは、香りのもととなる揮発性の芳香成分、次に色や風味のもととなる葉緑素、ビタミンＥやカロチンなどです。紫外線を徹底的に遮断すれば、これらの成分が消えていくスピードをかなり遅らせることができます。多くは抗酸化成分で、オイルの酸化を防ぐとともに、オリーブオイルらしさを表現しています。こうした成分が十分残っているであろうと予測できる期間が賞味期限です。

賞味期限の設定の仕方

メーカーの中には、瓶詰の日から数えるのでなく、収穫日から賞味期限を決めているところもあります。そのため場合によっては、同じ時期に収穫したオイルの賞味期限が１年近く違っていることもあります。とくに、収穫から搾油まで自社ですべてコントロールしているメーカー（シングルエステートともいいます）はその傾向が強く、収穫の最盛期の11月30日や12月１日をその年の「収穫日」と決め、そこから18カ月から24カ月の賞味期限を定めています。

賞味期限後のオリーブオイルを使ってもいいですか

賞味期限はオリーブらしい美味しさの保証期限。実は賞味期限後もオイルとして使えないわけではありません。色や香りが飛んでしまっても、３～５年は問題なく使えると言われます。

もちろん、賞味期限内でも、保存が悪ければオイルは劣化します。酸化したオイルは、腐ったようなむっとする特有の嫌な匂いになります。それはちょっと変だというようなものではなく、とてつもなく嫌な匂いなのですぐわかります。そんな匂いがしたり、ドロリとしていたら、賞味期限内でも使うのは止めてください。あなたの保存の仕方がまちがっていなくても、手もとに届くまでの途中のどこかでダメージを受けてしまった可能性があります。

第7章

オリーブオイルのことば

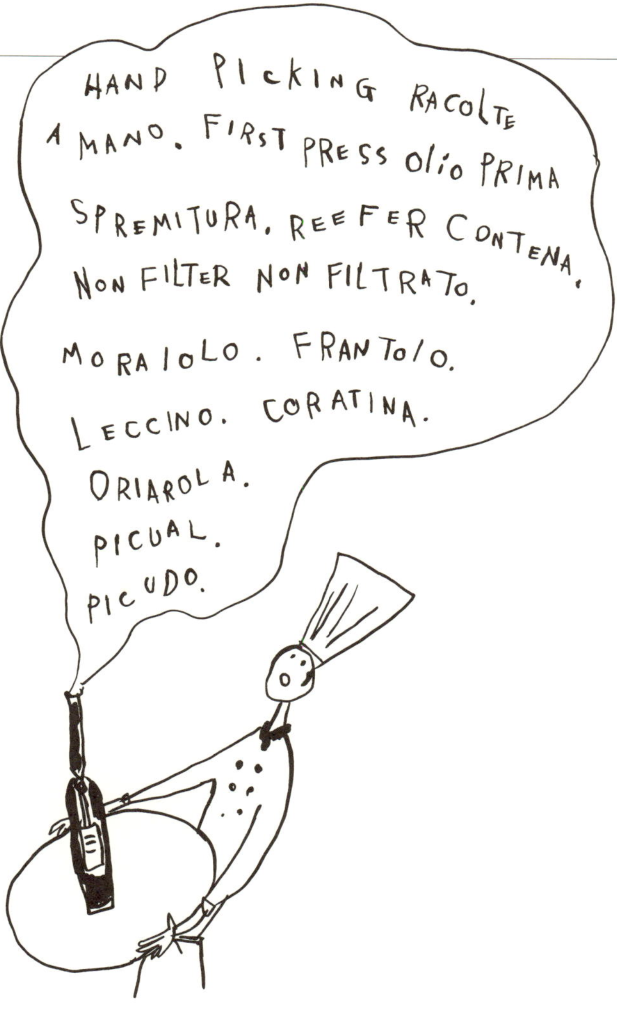

オリーブオイルの楽しみは、オリーブオイルの個性に出会う楽しみ。買う前にどのオリーブオイルも試食できればよいのですが、そうもいきませんから、オイルの瓶を手に取って、背に貼られたラベルや、首にかけられたリーフレットを眺めて、どんなオイルか想像してみることになります。そこに書いてあることがだいたいわかったら、あなたのオリーブ選びはまずまちがいありません。高価なオイルのその理由。手頃な価格なのに上等でお買い得なこと。あなたの好きなタイプのオリーブオイルらしいこと。そんなことの見当がつくようになれば、オリーブオイル選びはますます楽しくなります。それには、まず、オリーブオイルのためのことばを知っておくと便利です。

オリーブオイルの説明文は、いろいろなことが書いてありますね。素晴らしいもののようだけれど、どんな意味かしら。難しいことが書いてあるわけではありませんが、知らないことばかりで意味がよくわからない、そんなふうに感じている方、多いのではないでしょうか。そうですね。たとえば、こんなふうに書いてあったりしますね。

下線を引いたことばは、オリーブオイルの説明には必ずといってよいくらい目にするセールスコピーです。あなたはどのくらいわかりますか。次のページから順にみてゆきましょう。

■このエキストラバージン・オリーブオイルは、古くからローマ法王庁御用達の逸品です。有機栽培で育てたオリーブの実を厳選して丁寧に手摘みし、酸度を低くするため、完全な低温で、遠心分離機を使わずに昔ながらの石臼を使用した一番搾りです。オイルの旨みを逃さないようフィルターをかけずに上澄みのみを瓶詰した貴重なオイルです。オイルの品質を保つため、本品はリーファーコンテナで輸入されました。

フラントイオ・ビアンコ・エキストラバージン・オリーブオイル・ビオロジカ

Frantoio Bianco Extra Vergin Olive Oil Biologica

Frantoio Bianco 社製　¥3100／500ml

㈱イルビアンコ　☎045-777-0045

■北イタリアのインペリア県リグーリアの名産タジャスカ種の有機栽培オリーブオイル。ブルーナ家５代200年にわたり守られてきた自社農園の急勾配の山の畑で栽培される繊細な味わいのオリーブオイル。空輪便で運ばれる。

フラントイオ・ビアンコ・エキストラバージン・オリーブオイル・ビオロジカ

48 手摘み Hand Picking Raccolte a Mano

ラベルに「手摘み」と書かれていたら、それは高級オイルの証し。手摘みなら、果実の状態を確かめながら、傷をつけないように摘むことができます。オリーブの果実は、いったん傷つくとそこから酸化や発酵が始まり、オイルの品質があっという間に落ちてしまいます。

オリーブオイルのコストの80%は人件費と言われ、その中の大部分を占めるのが収穫のコスト、その収穫をもっとも手間暇かけて行うのが手摘みです。オリーブの産地には代々続いた手摘み職人がいます。手摘みの正装は、両手にコテをつけ、腹の前に籠をくくりつけます。両手で枝をしごきながら、籠の中に実を集めます。

もっとも普通はそこまでコストをかけられないので、潮干狩りに使うような小さな熊手を使って、枝からこそぎ落としたり、棒で叩き落としたりします。人件費を省きながら樹に優しい機械による振動で落とす方法もありますが、手摘み以外は実の完全な選別はできず、また葉も一緒に摘んでしまいます。もちろん搾油する時に、少しくらい葉が混じっていても問題はないのですが、苦みが強くなる可能性はあります。手摘みは、メーカーがそれだけ品質に注意を払っているという証拠です。

手摘みのスタイル

49 一番搾り
First Press
Olio Prima Spremitura

採油技術が今ほど発達していなかった昔は、オリーブの果実を砕いて搾っても、それほどたくさんのオイルを採ることはできませんでした。残り滓にはまだまだ油分が残っていましたから、いったん搾った残り滓を集めて、もう一度搾りました。そのまま搾ることもあれば、温めた湯を加えてオイルを取り出しやすくして、搾りなおすこともありました。そのようにして最初に搾ったオイルは一番搾りと呼ばれ、もっとも高級なオイルとされました。次に二番搾り、三番搾りと続きます。研究者によると、今から5000年も前の時代にすでにこのようなオリーブオイルの分類があり、一番搾りは最高級のオイルとして王や神官に届けられたそうです。

現在は、圧搾法、遠心分離法、パーコレーション法などオイルの採り方もいろいろですが、食用オイルのほとんどは一番搾りです。残り滓からは溶剤を使って、残っているオイルを採り出します。これが現代の二番搾り。このオイルは残渣オイル、またはポマースオイルと呼ばれます。こちらは食用または工業用にまわされます（→150ページ）。

50 昔ながらの伝統的製法
Applicando le Tradizionale Tecniche Olearie

「伝統的な製法」といえば「圧搾法」のことです。昔ながらの石臼の破砕機や圧搾機を今も使って、オイルを作っているという意味です。

現在、圧搾法を採用しているメーカーは20%ほどと言われていますが、どんどん少なくなっています。多くは、オイルを搾るのに遠心分離機を採用しています。遠心分離機を使えば、人手がかからず、清潔で、オリーブを一度に大量に搾油することができます。

しかし、あくまで昔ながらの圧搾法にこだわるメーカーもあります。圧搾法は、人手がかかり、一度に少量の搾油しかできず、衛生面の管理にも厳しさが求められるなど、コストのかかる古い方法です。しかし、採れたオイルにはオリーブの個性がはっきり出ると言われ、あえてこの製法にこだわっているメーカーもあります。

圧搾法にこだわるメーカーは、遠心分離法では、果実の破砕が粗くなってしまうため、オリーブオイルが取り出しにくく、途中でオリーブペーストを加熱したり、水を加えたりして、機械の動きをスムーズにしなければならず、そうやっているうちに香りやたいせつな成分の一部を失い、個性の弱い平凡なオイルになってしまうと、言います。

遠心分離法を採用しているメーカーは、圧搾法では、スケジュール管理がよほどしっかりしていないと、収穫した果実が圧搾が間に合わず野積みになって酸化が進んでしまいかねないし、高い人件費がオイルの価格にはねかえり、工場内の清潔を維持するのはたいへんな努力がいると指摘します。

「伝統的な製法」というときは、だんだん少なくなる昔ながらの圧搾法を、オイルの個性を引き出すために、あえて選択していることを強調しているのです。

51 コールドプレス Cold Press Franto a Freddo / Supremitura a Freddo

オイルを搾るときに27度を超える熱をかけないようにすれば「コールドプレス」と名乗ることができます。熱をかけるとオイルが変質しやすいため、なるべく低温のままオイルにするほうがよいのです。圧搾法のメーカーはコールドプレスをうたうところが多いです。大きな重い石の破砕機を使って作ったオリーブのペーストはそのまま搾ればらくにオイルが採れるので加熱する必要がないからです。

一方、遠心分離法では、実を砕くのにハンマーミルと呼ばれる破砕機を使いますが、粗くくだくことしかできず、ペーストをそのまま搾ってもオイルを取り出すことができません。搾油の季節はちょうど秋から冬にかけて。工場はひんやりと冷たく、冷たいペーストはなおさらオイルを取り出しにくいのです。そこでペーストに温水を加え、加熱しながら練ることが行われます。温度を高くするほどオイルは取り出しやすくなりますが、加熱しすぎるとオイルに焦げた匂いがつくなど劣化してしまいます。効率優先のメーカーの中には高温で加熱するところもあると言われます。

「コールドプレス」と名乗ることができるのは、27度以下の温度を保って搾ったバージンオイルの製法です。精製オイルは加工の過程で加熱処理されてしまうので、コールドプレスにはなりません。

52 酸度と酸価
Acidita
Acidity & Acid Value

「酸価」も「酸度」もオイルの鮮度を示す数値です。値が小さいほどオイルは新鮮です。

オイルは脂肪酸とグリセリンが結びついた構造をしています。オリーブの実の中に含まれているオリーブオイルは枝から離れたとたん、脂肪酸とグリセリンの結合が、どんどん解けてしまいます。解けた脂肪酸を遊離脂肪酸といい、遊離の次は酸化へと進みます。いったんオイルにしてしまえば脂肪酸の遊離はそれほど進みません。そこで、良いオイルを作るには実の収穫から採油までの時間をいかに短縮させるかがポイントになります。すぐに搾るほど遊離脂肪酸の量が少なく、より安定したオリーブオイルになります。脂肪酸が何％遊離しているかを示したのが「酸度」です。酸度１％は100g のオイルのうち１g の脂肪酸が遊離しているということ。酸度はオリーブオイルの等級を決める、もっとも重要な基準となっています。その値は149ページの表にも示したように、

エキストラバージンオイルは酸度0.8％以下

ピュアオイルとオリーブポマースオイルは酸度１％以下

と定められています。

一方、「酸価」はオリーブオイル以外の一般的なオイルによく使われている数値で、１g のオイルに含まれる脂肪酸を中和するために必要な水酸化カリウムの量のミリグラム数を絶対値で表します。

酸度と酸価の換算式は、

「酸価×0.503＝酸度」

果実を搾っただけのバージンオイルは精製をかけて人為的に酸度を下げることができないので、酸度の低さが品質の重要なバロメーターになります。

53 自社生産、自社瓶詰 Single Estate（シングルエステート）

オリーブオイルのラベルに自社生産、自社瓶詰と表示されていることがあります。たとえばこんなふうです。

（英） Produced and bottled in 会社名
（伊） Prodotto e imbottigliato da 会社名
Prodotto e confezionato da 会社名

わざわざ自社生産、自社瓶詰と明記するのは、収穫と搾油のすべてを自社でコントロールしていることを示すため。ワインの世界でも、自家農園でブドウを栽培し、自家醸造所で発酵させ瓶詰した製品はシャトーものと呼ばれ、ランクが上とみなされていますね。

オリーブオイルのメーカーにも、果実を農家から買い入れて搾油している会社、できあがったオイルを樽で買ってブレンドし瓶詰している会社、栽培から搾油、瓶詰までのいっさいをすべて自社で行っている会社があります。

すぐれたオリーブオイルを作るポイントは、収穫後、時間をおかずに搾ること。少なくとも収穫後72時間以内、評価の高いメーカーのほとんどが24時間以内に、中には数時間以内で搾るところもあります。実の中に含まれているオイルは枝を離れ、収穫後時間がたつにつれ、脂肪酸の遊離、酸化と発酵が進み劣化していきます。

自社農園で収穫したオリーブを自社工場で搾るなら、１日の収穫量と搾油量をうまくコントロールできます。朝に収穫を始め、午後には農園にほど近い搾油工場に運び、その日のうちに搾ってしまえます。

ところが、たくさんの農家からオリーブの実を買い入れているメーカーではそうはいきません。１日に搾れる量を越えた実が集まれば、多い分は翌日にまわされることになったり、逆に実の集まりが悪いときは、搾油機を１回運転するのに十分な量がたまるまで待たねばなりません。遠くから買いつけると搬入に１日かかるということもあります。ましてできあがったオイルを買い集めているメーカーでは、途中の過程の細かいところまでコントロールするのは難しいでしょう。

生産も瓶詰も自社でするオイルは、工程のすべてをコントロールできるという意味で、品質の高さが期待できます。こうしたオイルメーカーのことを「シングルエステート（単一農園）」と呼ぶ人もいます。規模は中程度以下で、名前のよく知られたメーカーが多いのも特徴です。

54 リーファーコンテナ Reefer Container

リーファーコンテナは、保冷コンテナのこと。船で運ばれるオリーブオイルは日本に届くまでに赤道を横切るので、輸送船の倉庫がたいへん暑くなり影響を受ける恐れがあります。それを嫌う業者が保冷コンテナを利用します。リーファーコンテナで運ばれたオリーブオイルは、その分だけ、価格も高めです。逆に言えばプレステージの高い、高く売れるオイルしか、リーファーコンテナは使えないということになります。

また時間を短縮したい業者はさらに空輸という方法を選びます。

こういうオイルを試したいと思ったら、店頭に並んでいる状況もしっかりチェック。せっかくリーファーコンテナで運んできても、直射日光のあたる棚に並べられていたらがっかりですから。

55 ノンフィルター Non Filter Non Filtrato

搾ったオリーブオイルをフィルターにかける方がよいというメーカーと、かけない方がよいというメーカーがあります。どちらが正しいとは言えません。それぞれの考え方を知って、両方のオイルを食べ比べてみてください。あなたはどちらがお好みですか。

ノンフィルター派の考え方

搾ったばかりのオイルは細かい果肉を含んでいるので、フィルターをかけて濾過するのが普通です。しかしオイルが持つ自然な風味をたいせつにしようとするメーカーの中には、濾過を嫌うところがあります。

搾ったオイルをそのまま瓶詰するので、オイルにはかすかな濁りがあり、時間が経過すると、最初は浮遊していた細かい果肉がボトルの底に沈殿してきます。こういうオイルは沈殿した澱が混ざらないように静かにボトルを傾けて使うか、ワインのデカンティングと同じく、容器を移し替えるなどして澱を取り除いて使います。

ノンフィルターのオイルは、絶対数が少ないので一般にはなかなか手に入りにくいのですが、熱烈なファンもいます。もし収穫シーズンに産地を訪れて、工場から直接オイルを買うチャンスがあれば、搾ったばかりのノンフィルターオイルを分けてくれないか、頼んでみるとよいでしょう。保存に備えて販売用にはフィルターをかけていても自分たち用にノンフィルターオイルを取ってあることがあります。

ノンフィルターのオリーブオイルはオイルの中に細かな果肉を含んでいることの風味や質感を楽しむオイル。とくに搾りたては、まるでネクターのようなトロリとしたオイルです。手に入れたら極力早めに使いきるのがコツです。フィルターオイルより賞味期限は短く、開封前で12カ月くらい。開封したらすぐに使っていただきたいです。

デカンティング派——これもノンフィルターの一種

ノンフィルターのオイルの中には、もうひとつ別のタイプもあります。濾過のかわりに徹底的にデカンティングを繰り返して澱を取り除いたもの。とくに手摘み、伝統的圧搾法を採用しているこだわりのメーカーでは、オイルをフィルターの機械に通すことを嫌います。イタリアのトスカーナなどの名産地でプレステージの高いオイルを作っているメーカーでは、フィルターの代わりにデカンティングを繰り返すことで澱を取り除きます。

搾ったオイルを静置して、下に溜まった澱の部分を捨て、上澄みのオイルだけ別のタンクに移し替える、この作業を何度も繰り返して澱を取り除きます。できあがったオイルはフィルターオイルと同じように透明で、賞味期限も同じです。

デカンティングで澱を取り除いたオイルも、ラベルにノンフィルターと書いてあります。

セレーゴ・アリギェーリ・エキストラバージンオリーブオイル
Serego Alighieri Extra Vergine Olive Oil
Masi 社製　¥3300／500ml
日欧商事㈱　☎03-5730-0311
■デカンティングを繰り返して仕上げる美しい透明のノンフィルター・オリーブオイル。ボトルの底は、ワインのボトルによく見られるのと同じく澱溜まりが設けられていて、たとえ澱が出ても混ざらないように工夫されている。手摘み、コールドプレス。『神曲』を書いたダンテの直系子孫のアリギェーリ伯爵家が作るイタリア北限のオリーブオイル。

フィルター派の考え方

一方、オイルにフィルターをかけるメーカーは、賞味期限内のオイルの品質維持について自分たちは責任があると言います。オイルはいったん出荷してしまうと、いつ消費者の手もとに渡るのか、メーカーにはわかりません。品質保証を確かなものにするためにフィルターをかけざるをえないと主張します。風味を楽しむためにフィルターをかけず、消費者に早く消費することを求めるより、搾油後すぐにフィルターをかけて、オイルそのものの新鮮さを長く保つ方がよい。実際、きちんと保存された濾過済みオイルは、非常にロングライフで、新鮮な風味を長く保っています。

95%フィルター

フィルター派とノンフィルター派の折衷案が、フィルターの目を粗くする方法。イタリアのヴェネト地方のオイルメーカー、ボナミニ社は、オイルを濾過するのに、粗めのコットンフィルターを使い、濾過を95%にとどめます。オイルには非常に細かい果肉が残るので、ステンレスタンクでデカンティングしてから瓶詰します。このメーカーでは、フィルターは必要だが、オリーブオイルの持つ“質感”も個性なのだと言います。オリーブオイルは自然に近ければ近いほどよい、できるだけ人工的な加工をしないというのが、メーカーに共通する心情で、そのための努力がいろいろなされています。

ボナミニ

Olio Extra Vergine Di Olive Del Veneto “Valpolicella Bonamini”

Bonamini 社

日本には未入荷ですが、わざわざフィルターのかけ方をこのように調節しているタイプもあります。オリーブオイル工場を訪れることがあれば、製法について尋ねてみるとおもしろいでしょう。

ノンフィルターオイルの買い方・使い方

市場に出回っているオリーブオイルのほとんどは濾過済みです。ノンフィルターオイルをもし見つけたら、ぜひお試しください。濾過したオイルとは違うおいしさがあります。買うときは、

●賞味期限を確かめて、新しいものを買うこと。
●瓶の底に澱がたまっていたら、かき混ぜないこと。静かにオイルを別の瓶に移し替えて、澱は捨ててしまう。

産地でなければなかなか手に入りませんが、搾油したての新鮮なノンフィルターオイルの味を知ると病みつきになってしまう人が多いもの。サラダにかけても、パンにつけても、その濃厚なおいしさは忘れられません。こういうオイルは開封したらいさぎよく早く使いきってしまうのがベター。保存の仕方が悪かったり、古くなっていると、ただ油っぽいだけでがっかりということにも。ノンフィルターオイルは、特別なジャンルのオリーブオイルです。

56 有機栽培
Agricoltura Biologica

環境にやさしいライフスタイル、ヘルシーで安全な食品が求められるようになって久しく、有機栽培に取り組む生産者が増えています。この傾向はとくにアメリカ、ドイツ、オランダ、デンマーク、日本などで強く、これらの国に向けて有機栽培オリーブオイルがさかんに輸出されています。

有機栽培の食品はラベルなどに有機栽培マークがついています。マークはたいてい太陽と水、木と風など、自然をイメージしたデザインになっているので、「ああこれだな」とわかります。

有機栽培オイルは原産国で販売されるときも、他のオイルより少し高い売値がついています。化学肥料や農薬を使わない分だけ人手をかけなければならないので、その分が価格に反映されています。たとえばスペインのロマニコというブランドでは、有機栽培オイルと普通のオイルの２種類があり、有機栽培オイルが価格が高くなっています。

ロマニコ・オーガニック・エキストラバージンオリーブオイル

Romanico Organic Extra Virgin Olive Oil（有機栽培）

¥1512／500ml

■スペインのDO指定地域ボルヘス・ブランカス地方のメーカーの製品で、アルベッキーナ種を使っています。

オリエントコマース㈱　☎03-3639-1216

有機栽培の認証

有機栽培であると認められるためには、農家やオイルメーカーが自分で有機栽培だと宣言すればよいのではなく、認証機関に申請して証明してもらわなければなりません。化学肥料の使用をいっさい中止してから、野菜は２年間、樹木は３年間を移行期間とし、この期間が過ぎると、生産者はいよいよ認証機関に申請できることになります。

しばらくすると認証機関の依頼を受けた検査官が農場や工場にやって来て、土壌の中の残留化学肥料や農薬の検査、工場の生産ラインなどの検査を行います。検査官は公平を守るために、認証機関に属していない独立検査官でトレーニングを十分積んだ技術者です。しかも検査官は抜き打ちでやって来ます。生産者は自分で農薬を使っていなくても、風に運ばれてきた農薬が土壌に混じっていないとも限らないので、ひどく緊張するものだそうです。検査官のレポートで問題がないと認められれば、生産者は認証機関から認証番号を得て、認証マークをラベルに印刷することができます。

有機栽培の認証機関

有機栽培の証明書を発行してくれる機関が認証機関です。1972年パリで結成されたNGO組織のIFOAM（International Federation of Organic Agriculture Movements：国際有機農業運動連盟：本部ドイツ）が、有機栽培に関する基準を定めており、国連がこれを国際基準とすることを認めています。現在100カ国800以上の団体がIFOAMに加盟しており、各国の認証機関がIFOAM基準に基づく有機認証を実施しています。

たとえばスペインでは1989年にまず農水省によって国内基準「CRAE保証」が決められ、その後管轄を各州政府に移して、IFOAM基準に従い、州ごとに独立した有機認証が実施されています。管轄の変更に伴い新しいロゴマークが設けられています。EUでも91年に有機農業に関する統一基準が定められました（法令ECR2092）。イタリアの有機栽培の国内法が制定されたのは1995年で、民間団体が認証を実施しています。EUの有機農産物はEU

のロゴマークと各国の認証マークを並列して表示することになっています。

アメリカでは各州に法律があり、民間ベースの認証団体が多数存在します。いずれもIFOAMの国際基準に基づいて運営されています。呼び方は「有機栽培」「エコロジカル農業」「オーガニック」と違いますが、認証の内容は同じです。

おもな有機栽培の認証マーク

■イタリア

■スペイン

■フランス

■IFOAMの認定マークをつけた認証機関のマークの例

57 アーリーハーベスト／オリオ・ノベッロ／オリオ・ヌーボー
Early Harvest/Olio Novello/Olio Nouveau

オリーブオイルのボジョレ・ヌーボー

オリーブオイルの好みにも流行があります。果実がまだ青いうちから早摘みするアーリーハーベストの人気はすっかり定着しました。早摘みのオイルは、渋みや苦みがあり、喉がピリピリするような辛みもあります。こういうオイルはステーキなどにはぴったりですが、野菜サラダには辛すぎると思うほど。もともとローマ法王庁や王室御用達として評価の高かったオイルは、たとえばタジャスカのような、やさしくマイルドで花のような香りのするオイルでしたが、いつからか、苦くて辛いオイルがもてはやされるようになりました。

人気を後押ししているのは、早摘みのオイルにはポリフェノールなどの抗酸化成分が豊富でヘルシー、オイルとしてもロングライフだという研究成果です。それに、ボジョレ・ヌーボーに通じるちょっとしたお祭り感もあります。

オリーブの最初の収穫を祝うのが産地の習慣。アメリカや日本などの大きなマーケットにもタイミングを合わせて11月のうちに空輸されるようになりました。最初のオイルなので“オリオ・ノベッロ”または“オリオ・ヌーボー”などと呼ばれ、イベントを企画するレストランもあります。百貨店でも催事が組まれたりすることも多く、最初のオイルとはどんなものなのか、試してみてもよいですね。

収穫時期とオリーブオイルの風味

オリオ・ノベッロというと、11月の初め、収穫シーズンの最初に出まわるオイルを指しますが、「早摘み」という意味なら、収穫時期は11月に限りません。オリーブの品種の中には、１月を過ぎてようやく熟すものもあり、そういう品種なら12月に摘んでもアーリーハーベストです。

早摘みのオイルはキリリとスパイシーで、晩熟のオイルはマイルドでソフト。この個性をはっきり打ち出しているのが、トスカーナのフラントイオ・ディ・サンタテアというブランドです。ここでは収穫の時期をずらして「フルッタート」（青々とした新鮮でフルーティーなオイル）と「ドルチェ」（まろやかでバランスの取れたオイル）の２種類のオイルを仕上げています。フルッタートのほうは果実が緑色をしているうちに早摘みし、ドルチェのほうは果実が十分熟成して紫から黒に変わる頃に摘みます。

サンタテア・エキストラバージン・オリーブオイル
ドルチェ・デリカート（熟成タイプ）
Frantoio di Santa Tea Dolce Delicato
￥2091／250ml
■フィレンツェ郊外で伝統的製法で作られる。黒く完熟した果実を搾ったもの。明るい金色の豊かなコクのオイル。
フルッタート・インテンソ（早摘みタイプ）
Frantoio di Santa Tea Fruttato de Intenso
￥2091／250ml　￥2600／500ml
■同じメーカーの早摘みタイプ。果実がまだ緑のうちに収穫。シャープでスパイシー。どちらも明治屋㈱　☎03-3271-1111

めぐる流行

少し前のことですが、イタリアの生産者たちが大勢で集まって「早摘みのオイルがいくらヘルシーだと言っても、辛すぎれば消費者はついてきてくれない。少し考え直したほうがよいのではないか」と相談しているところに出会いました。流行は行き過ぎるところまで行くと、また元に戻るものなので、そろそろスウィートでまろやかなオイルの人気が戻ってくるのではないかと個人的には思っています。あなたのお好みは？

58 原産地呼称保護制度
伝統ある特産品をどのように保護するかについて

ヨーロッパには、ワインやチーズ、オリーブオイルなど、各地の特産品の品質と価値を護るため厳密な基準を設け、産地を限定し、基準に沿った商品にだけ認証マークを与えて保護する仕組みがあります。わかりやすい例としてよく引き合いに出される「シャンパン」は、フランスのシャンパーニュ地方で伝統的な手法で生産された発泡酒の名称で、単なる発泡酒はスパークリングワインとしか名乗ることができません。

各国にこうした特産品を保護する法律があり、フランスは原産地呼称統制AOC（Appellation d'Orgine Contrôlée）制度、イタリアは原産地呼称統制保証DOCG（Denominazione di Origine Controllata e Garantita）制度、原産地呼称統制DOC（Denominazione di Origine Controllata）制度、地域特性表示IGT（Indicazione Geografica Tipica）制度、スペインにも原産地呼称DO（Denominacion de Origen）制度などがあります。

EUでは各国がそれぞれ先行して独自に管理していたこうした制度をまとめる統一基準として、1992年に、原産地呼称保護PDO（Protected Designation of Origin）制度および地理的表示保護PGI（Protected Geographical Indication）制度を制定しました。認証制になっていて、運営は各国の運営委員会に委ねられています。各国で運営しやすいよう自国語に翻訳されており、この制度をフランスではAOP（Appéllation d'Origine Protégée）、イタリアとスペインではDOP（Denominazione di Origine Protetta／Denominación de Origen Protegida）と呼んでいますが、いずれも同じ制度です。語順が違い、略称も微妙に違うので、別のものと思いがちですが、同じものです。さらにややこしいのはもともと各国の

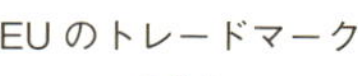
EUのトレードマーク

保護認証制度が先行していたため、統一以前の認証制度が残っていて、しばしばEUの制度と並行して存在していることです。EU側の認証が間に合わない、各国のEU申請に時間がかかっているというのがその理由のようですが、将来的には一本化される予定です。PDO、PGIともに年々登録が増えています。

EUの原産地呼称保護制度

原産地呼称保護PDO（Protected Designation of Origin）制度

特定の地域で生産・加工・調整された特産品で、原料や製法、品質について細かな基準が定められている。

地理的表示保護PGI（Protected Geographical Indication）制度

特定の地域で生産・加工・調整のいずれかが行われている特産品で、原料や製法について基準が定められている。

＊　スペインの原産地呼称保護制度→88ページ
＊　イタリアの原産地呼称保護制度→100ページ

59 原産国はどこ？

しばらく前のことですが、トルコやギリシャ、スペインのオリーブオイルがイタリアに輸出されて製品化され、イタリア産オリーブオイルとして輸出されていくことが話題になりました。疑問を感じた消費者もいたようです。けれども製品を作ったメーカーが製品の最終責任を持つのはごく普通のことで、そのメーカーが存在する国が原産国となります。たとえば中国から輸入したニンニクで日本のメーカーがチューブ入りペーストを作れば、原産国は日本です。それでも消費者の気分としては、ちょっとモヤモヤ。最近「原料100%イタリア産」などと記してあるのを見かけましたが、こうした消費者の気持ちを慮ってのことでしょう。

オリーブオイルがイタリアで製品化されることが多いのは、イタリアブランドが確立されているため、消費者に受け入れてもらいやすいということがあります。ローマの時代からオリーブオイルの集積地であったイタリアには、規模の大きなメーカーが設備と流通を整えています。長い歴史に培われ、イタリアのメーカーがプロモーションが得意だったり、いろいろ理由があるでしょう。

そのあたりのことをイタリアの生産者に聞いてみると、「イタリアにはオリーブオイルを使い続けてきた長い歴史があり、オリーブオイルの品質の優劣も誰よりもよくわかる。ローマの時代からプロデューサーなのだから、今もその役目をやっているだけ」という答えが返ってきました。

そのことを制度として認めているのが、地理的表示保護PGI（Protected Geographical Indication）制度です。特定の地域で基準にのっとって生産・加工・調整のいずれかが行われている特産品を承認し、ロゴマークをつけて保護しています。伝統ある生産地で、その伝統に則って生産された製品であれば、原料はその地域で採れたものでなくてもよいということです。イタリアのトスカーナをはじめ、いくつかの地域が指定されています。加工生産にもすばらしい匠の技術があるということでしょう。

逆に原料から製品に至るすべてのプロセスを特定の地域で厳密に規定された製法に則って行われなければならないのが原産地呼称保護PDO（Protected Designation of Origin）制度です。これまで原料メーカーとしてオリーブオイルを作っていた生産者たちの中には技術や知識を獲得してより洗練されたオリーブオイル作りを目指し、自前のブランドを立ち上げるところも出てきています。PDOの厳密な規定はそうしたメーカーが世界のマーケットに登場するのを後押しする働きもしているかもしれません。

60 オリーブオイル・コンクール

優れたオリーブオイルを表彰するために世界各地でコンクールが開催されています。秋から冬にかけて収穫されたオリーブがオイルとして出そろう春先に開催され、市町村単位のものから国際的なコンクール、あるいはグルメ雑誌のコンクールなど、さまざまです。オリーブオイルのジャンルが細分化され、国別、品種別、早摘み、完熟など、グループごとに評価が行われるようになってきています。

メーカーは参加したいコンペティションに商品を送ってエントリーし、それをオリーブオイルをよく知るオリーブオイル鑑定士やオリーブオイルソムリエ®、あるいは料理研究家やジャーナリストたちが審査員となり、パネルというグループ単位で評価を行います。結果が出ると華やかな授賞式が行われ、受賞オイルにはトロフィーや賞状が贈られ、ボトルにはロゴマークシールが貼られます。さまざまなコンクールがさかんに開かれています。受賞オイルはたくさんの人の目と手を通して品質が確認されているということでもあり、おいしいオイルを探すヒントになりますね。

ヘラクレス賞 (Ercole Olivario Prize)

イタリア各地の商工会議所を通じて選出されたオリーブオイルを鑑定士で構成される全国委員会で最終審査。DOP のミディアムフルーティー、インテンス、エキストラバージンオイルのライト、ミディアム、インテンスの5カテゴリーから1位と2位、および特別賞が選ばれる。受賞オイルにはサンタマリア・デル・ソル寺院を描いたメダルが付けられる。

金獅子賞（Leonardo d'Oro Award）

イタリアのオイルマスターズ協会が1994年より国際コンクールとして主催。現在 Olive

& Italyが毎年Mastersというプロのオリーブオイル鑑定士を育成するセミナーを実施している。コンクールにエントリーしたオイルにはライオンのロゴマークがつけられる。金獅子賞受賞オイルは春にヴェローナで開かれる食品展で発表される。エキストラバージンをデリケート、ミディアム、インテンスの分野でそれぞれ受賞。

NYIOOC（New York International Olive Oil Competition）

アメリカでオリーブオイルニュースを発信するOlive Oil Timesが主催する国際的なコンテスト。二十数カ国が参加し世界最大級。2017年は日本人の山田美知世さんがテイスティングの責任者パネルリーダーを務めたことでも注目。受賞オイルはThe Best Olive Oils in the Worldとして表彰され、オンラインショップで購入も可能。

OLIVE JAPAN®国際エキストラバージンオリーブオイルコンテスト

日本で開かれる国際オリーブオイルコンテスト。2012年より毎年4月に日本オリーブオイルソムリエ協会（OSAJ）が主催する。オリーブオイルソムリエ®は同協会独自の認定資格。オリーブオイルを誰にもやさしく理解させてくれる。審査は協会が選定した内外の認定テイスターたちが行い、受賞オイルはその後マルシェで直接購入できる。

JOOP（Japan Olive Oil Prize オリーブオイルコンクール）

2013年より在日イタリア商工会議所が毎年日本で開いている国際オリーブコンテスト。イタリア、ギリシャ、スペイン、クロアチア、フランス、アメリカなどからエントリーされたオリーブオイルを国際コンテストの経験豊富な審査員たちがジャッジする。審査員たちは国際オリーブ協会（IOC）の定めたテイスティング基準に則ってパネルを作り、審査する。

61 ブレンドオイル Blended Oil

スーパーの棚に並ぶわりとどこでも見かけるオリーブオイルたちを指して「ブレンドオイル」と呼ぶことがあります。たとえば「この製品はブレンドオイルとしてはクオリティが高い。毎日使うものなら、これで十分……」などと言います。ブレンドオイルのはっきりした定義はありませんが、ふつう、オイルを様々なルートで樽買いしてブレンドしたオイルのことをいいます。

オイルの品種をブレンドすること自体は生産の工程でふつうに行われることで、だからといって「ブレンドオイル」とは呼びません。オリーブオイルは品種ごとに、あるいは搾油の時期ごとに、いくつかのステンレスタンクに分けて保存され、品種や酸度、脂肪酸組成などのデータがよくわかるところに掲げられています。瓶詰の際にそれらのオイルを上手にブレンドして、個性や酸度のバランスを取り、製品にします。

たとえばイタリアのトスカーナのオイルなら、モライオーロ、フラントイオ、レッチーノの３品種がブレンドされていることが多く、ブレンドの仕方で毎年一定のオイルを作ることができます。また、ブレンドすることで、酸度を調整し、エキストラバージンの条件もクリアすることができます。これは、オリーブオイル作りには欠かせない作業で、できたオイルをわざわざブレンドオイルとは呼びません。

「ブレンドオイル」と呼ばれるのは、ふつうは量産メーカーのオイル。外国や遠い産地からオリーブオイルを樽買いしてブレンドし、市場に大量に出荷されているオイルを指します。

オリーブオイルは、地域ごとに生産量の増減が激しく、天候の影響も受けやすいので、毎年大量の製品を作ろうとすれば、さまざまなルートから原料となるオイルを買い集める必要があります。オリーブオイルのブローカーたちが調達してきた世界各地のオイルをブレンドし、価格を抑え、なるべく多くの人の嗜好に合うようなオリーブオイルを作ります。

毎年違うオイルをブレンドすることもあります。そういうオイルには、生産年度が記入されていません。

「ブレンドオイル」は、いわゆる「シングルエステートオイル」のように、きわだった個性を売り物にするオイルではなく、品質や価格の安定したバランスの良いオイルを毎年作ることを目指しています。使いやすい価格帯のものが多く、普段づかいによいでしょう。

イタリアの代表的ブレンドオイル

モニーニ・エキストラバージン・オリーブオイル・クラシコ

Monini社製　¥1048／500ml　¥702／250ml

明治屋㈱　☎03-3271-1111

■イタリアでよく売れているマイルドなブレンドオイル。

ベルトーリ・エキストラバージン・オリーブオイル（オリジナーレ）

Bertolli社製　¥950／500ml

日欧商事㈱　☎03-5730-0311

■世界でもっとも多く売れているブランド。日本のためのアレンジをしない、イタリアで生産されたものをそのまま輸入。マイルドなブレンドオイル。

フィリッポ・ベリオ・エキストラバージン・オリーブオイル

Salov社製　¥528／250g　¥819／400g　¥2072／910g

㈱J-オイルミルズ　☎03-5148-7100

■世界30カ国で販売されている150年の歴史を持つ大ブランド。

スペインの代表的ブレンドオイル

カルボネール・エキストラバージン・オリーブオイル

Carbonell社製　¥328／250ml　¥891／500ml　¥1545／1ℓ

讃陽食品工業㈱　☎0120-525-340

■風味豊かなスペインのブレンドオイル。コルドバ、ハエンのオイルをブレンド。

62 品種

　オリーブの木には数百とも数千とも言われる品種があります。品種はオイルの個性のもとともなるので、よく知られた品種はボトルのラベルに名前が掲げられています。
　もともとオリーブは同じ品種同士では受粉しにくい性質を持っているので、収穫量を上げるため、畑には種類の違う木を植えるのがふつうです。こうしてなった実はいっしょに収穫されることも多いので、結果としてできあがったオイルは何種類かの品種のブレンドになることもあります。しかし、中には同じ品種でもよく実る種類もあり、それらは単一品種として栽培されます。単一品種のオリーブオイルは、品種の特徴がわかりやすいので、セールスポイントとして取り上げられることが多くなります。
　よく知られた品種には次のようなものがあります。

単独栽培される品種

タジャスカ（Taggiasca）……北イタリア、とくにリグーリア沿岸、ガルダ湖周辺で単独栽培される主要品種。フレッシュなリンゴや花のような香りのするマイルドでエレガントなオイルです。

アルベッキーナ（Arbeqina）……スペイン北部、カタルーニャで単独栽培される主要品種で小粒な果実がなります。リンゴのようなすがすがしい香り。後味にアーモンドの香り。果実の枝離れが悪いので手摘みで収穫する人気品種。エレガントでマイルドです。

コロネイキ（Koroneiki）……ギリシャで単独栽培される代表的品種。フルーティーで後口にやや辛みが感じられる人気品種。

ラ・タンシュ（La Tanche）……南フランスのニヨンで単独栽培される主要品種。スウィートでエレガントなオイルが取れます。

ブレンドされる人気品種

モライオーロ（Moraiolo）……イタリア中部トスカーナの主要品種。ポリフェノールの含有量が高く、緑の濃い、非常に辛いオイルが採れます。

フラントイオ（Frantoio）……イタリア中部トスカーナの主要品種。スパイシーで切れのいい味。モライオーロとのバランスを取るためにブレンドされます。

レッチーノ（Leccino）……トスカーナの主要品種。スウィートでフルーティー。モライオーロとのバランスを取るためにブレンドされます。

コラティーナ（Coratina）……南イタリアの主要品種。苦くて辛いのが特徴。

オリアローラ（Oriarola）……南イタリアの主要品種。軽い苦みがあり、野性味の強いオイル。

ピクアル（Picual）……スペイン南部のアンダルシアの主要品種。やや緑がかった黄色のフルーティーなオイル。

ピクード（Picudo）……アンダルシアの主要品種。ピクアルとブレンドされるフルーティーなオイル。

63 オリーブオイルの鑑定士（テイスター）とソムリエ

オリーブオイルの鑑定士（オリーブオイルテイスター）も、オリーブオイルのソムリエも、どちらもオリーブオイルのよしあしを判断する仕事ですが、この２つの仕事はどうちがうのでしょうか。

鑑定士が活躍するのはオリーブの産地。できあがったオリーブオイルのクオリティを調べ、等級を決め、問題のあるオイルは精製にまわすかどうか、判断する仕事です。

各地にパネルと呼ばれる判定委員会があり、リーダーのもとに鑑定士たちが集まり、細かく定められた手順によりオイルを判定します。

鑑定士は政府公認資格で、国際オリーブ協会や各国の養成機関がプログラムを用意しています。官能能力試験に合格した後、実際のパネルテイスティングの現場で訓練を積む必要があります。民間の養成講座としては、イタリア商工会議所が主催するO.N.A.O.O.（Organizzazione Nazionale Assaggiatori Olio di Oliva）、カリフォルニア大学デービス校のオリーブ官能評価コースOlive Oil Sensory Panelがよく知られています。

オリーブオイルのソムリエは、ワインのソムリエと同じで、レストランやショップでお客様の要望にそってオリーブオイルを選び、料理との相性を説明するアドバイザーです。イタリアには、イタリアオリーブオイルソムリエ協会AISO（Associazione Italiana Sommelier dell'Olio）があり、日本にも日本オリーブオイルソムリエ協会OSAJ（The Olive Oil Sommelier Association of Japan）があります。OSAJが主催するオリーブオイルソムリエ®の養成講座は、オリーブオイルの歴史、製法や栄養効果、料理法など総合的な知識を学ぶものになっています。最近は、レストランにワインリストのようにオリーブオイルリストも備えているところがあり、ソムリエ®の活躍する場所も増えています。

本物のオリーブオイルを手に入れる

しばらく前にトム・ミューラーの『エキストラバージンの嘘と真実』（Tom Mueller, *Extra Virginity : The Sublime and Scandalous World of Olive Oil*）という本がアメリカでベストセラーになりました。アメリカは世界一のオリーブオイル輸入国ですが、オリーブの歴史は浅く、法律がゆるいといわれます。商品が健康に害をなさない限り何を買おうが買主の責任とされます。日本も今や世界第３位の輸入国ですが、歴史が浅いのは同じこと。今も食用油の法律は種子油が基準で、オリーブオイルにはそぐわない点もあります。

偽装の背景にはオリーブオイルの生産量の少なさがあります。たとえば大豆油が毎年5000万トン程度の生産量があるのに比べ、オリーブオイルの生産量はわずか300万トンでしかなく、そもそも需要が常に満たされていないのです。

いかがわしいオイルにだまされないためには、何がよいオリーブオイルなのか、よく理解していなければなりません。高ければよいとは限りませんが、安すぎるオイルはどこかに無理があります。エキストラバージンを作るのに最低１ℓ５ユーロのコストと言われます。瓶詰、輸送、広告費などがそこにプラスされればいくらになるでしょう。良さそうなオイルを見つけたらWebサイトを調べてみましょう。どんな人が作っているでしょうか。コンテストの受賞オイルは、多くの人の目と口で確認されているので、ある程度安心です。

オリーブオイルは大量生産、大量消費に逆行する、わずか1000円か2000円でかなう贅沢。もう少しだけ努力をして、価格と品質のバランスのいいマイオイル、わが家の定番を見つけましょう。トム・ミューラーの指摘によって、良心的な生産者たちは誤解のないよう、いっそう姿勢を正しています。環境としては悪くありません。

第 8 章

オリーブオイルと健康

64 オリーブオイルはヘルシーなオイルです

オリーブオイルはヘルシーなオイルです。胃にやさしくて消化がよく、肝臓の解毒作用を強めるので、アルコールを飲んでも悪酔いするということがありません。また脂肪酸の組成が母乳に近いので、乳児にも安心して食べさせることができます。

中でも最大の魅力は、オリーブオイルがもっとも酸化されにくいオイルだということです。主成分のオレイン酸が酸化されにくいということに加え、精製をかけないバージンオイルにはビタミンなどの微量成分が豊富で、その中に抗酸化成分もたっぷり含まれているということ。

酸化したオイルは過酸化脂質となって、これを食べることは健康に害を及ぼします。オリーブオイルは過酸化脂質になる危険性が他のオイルよりはるかに少なく、また抗酸化成分によって、わたしたちの体内に発生し、老化や病気の原因となっている活性酸素の働きも抑えることができます。そのため動脈硬化、心臓病、糖尿病、胃潰瘍、十二指腸潰瘍の治療、ガンや骨粗鬆症の予防にも効果的だと言われています。

65 キーズ博士の7カ国調査と地中海式ダイエット

オリーブオイルをたっぷり使うヘルシーな地中海地方の食生活に最初に注目したのは、ミネソタ大学の生理学者アンセル・キーズ博士でした。きっかけは博士たちのグループが1958年から10年をかけて実施した、心臓病の死亡率と食事の関係を調べた「7カ国調査」です。

当時のアメリカの食生活は、今よりさらに高脂肪、高タンパク、高カロリーに傾いていました。動脈硬化、高血圧など、とくに心臓疾患による死亡率がとても高く、その原因を突き止めるために、各国の食生活のスタイルが調査されたのでした。調査された国はアメリカ、フィンランド、イタリア、オランダ、ギリシャ、ユーゴスラビア、日本の7カ国で、膨大な量のデータがそろえられました。

1970年代に入ると調査結果が発表され、もともと脂肪摂取の少ない日本は別として、動物性脂肪をたくさん摂取するアメリカや北欧では心臓疾患による死亡率が高いのに対し、同じく高脂肪食の国でもイタリアやギリシャの死亡率はかなり低いことがわかりました。典型的だったのはフィンランドとイタリアを比べた場合で、脂肪摂取割合が総カロリーの40%と、同じ割合であるにもかかわらず、フィンランドの心臓疾患による死亡率はイタリアの3倍に達していました。そのため、地中海沿岸の人々の食べている脂肪の種類が違うからではないかと考えられました。つまり動物性脂肪でなく、オリーブオイルを食べているからではないか、と。

この調査結果が発表されてからというもの、世界中の医師や栄養学者がオリーブオイルの分析や、地中海式の食事のスタイルの研究に取り組み、「地中海式ダイエット」が提唱されました。ここでいう地中海式ダイエットとは、食のあり方、食餌療法などの意味で減量の話ではありません。もちろん地中海式の食事を取り入れて効果的に減量することもできますが、それはまた次の項目でお話しします。

さて、キーズ博士の調査から生まれた「地中海式ダイエット」には、次のような特徴があります。

1 毎日穀物と豆と野菜とオリーブオイルをたっぷり摂る。

2 魚や乳製品はかなりひんぱんに食べるが、肉類は月に１、２回。

3 デザートは新鮮な果物。ワインも少々ならOK。

日本の食生活はもともと低脂肪でしたから、これまでは心臓病も糖尿病もそれほど心配する必要はありませんでした。ところが最近は、働き盛りの中高年はもちろん、小学生にまで、生活習慣病とよばれるかつての成人病が蔓延しています。高脂肪、高タンパクの過剰な美食や、野菜不足の外食、加工食品の多用などの理由で、いつのまにか食生活が偏ってしまったことが原因ではないかと言われています。こうして、日本の栄養学者や医師の間でもオリーブオイルへの関心が高まり、研究が進みました。また、世界の栄養学者との交流もさかんです。

心臓疾患を専門とされる内科医の横山淳一医師は、「低脂肪の食生活を送ってきた日本人には、脂肪をどのように食事に取り入れるかについての知識も経験もない。そのため、今になって食生活のバランスを崩しつつある。オリーブオイルを使う地中海式ダイエットは、現代日本人の健康的な食生活のモデルになるのではないか」と述べています。

また、この地中海式ダイエットは見方を変えれば、ゆるやかなベジタリアンをめざす人たちにとっても良いお手本です。オリーブオイルを使えば豊かでバラエティーに富んだ食事を楽しむことができます。

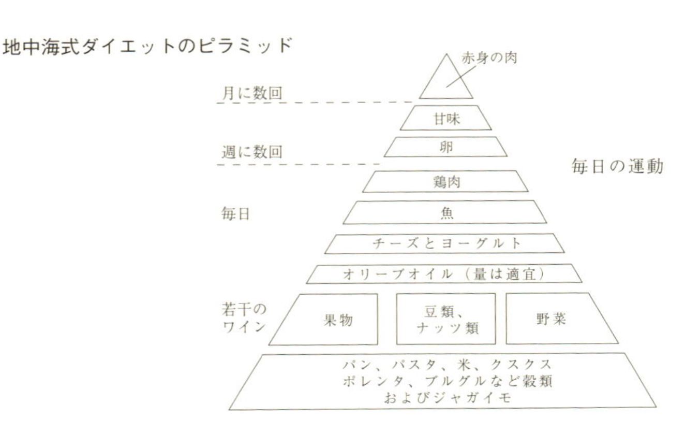

地中海式ダイエットのピラミッド

66 減量に地中海式ダイエットの発想を取り入れる

本来の言葉の意味の地中海式ダイエットとは、健康的な食のスタイル、食餌療法を提唱するものですが、この考え方を取り入れた減量法も提唱されています。

ボストンの栄養学者キャシー・マクマナス博士は、あらゆる脂肪をいっさい控える低脂肪食よりも、オリーブオイルを使ってより充実した食事をめざす地中海式の高脂肪食の方が、結果としてリバウンドせず、長く減量した体重を維持できるという結論を出しています。

	低脂肪食グループ	高脂肪食グループ
総カロリー	1200kcal	1200kcal
脂肪摂取	できるだけ控える	総カロリーの35%
18カ月後も減量を続けた人	19%	54%

減量実験はどちらのグループも総カロリーを１日1200kcalに抑えました。低脂肪食グループは１～２カ月のうちに早々と減量の成果を上げることができますが、その後リバウンドして体重を戻す者、脱落する者が続出します。脂肪をカットしていると食事の内容が偏り、減量を長期間続けることがつらくなってきます。

一方、高脂肪食グループは、ゆっくり減量していくものの、リバウンドすることなく減量した体重を保つことができます。オリーブオイルをたっぷり使って、野菜・食物繊維・タンパク質をバランスよく摂り、調理法もバラエティーに富んでいたため、減量しながらも食事を楽しむことができました。

これまで減量のためには短期間で成績の良い低脂肪食が適しているとされてきましたが、半年を越える長期データを取ると、低脂肪食はほとんど失敗に終わります。アメリカのように高脂肪食がベースになっている国では低脂

肪食を長く続けるのは苦しく、また日本のようにバラエティに富んだ食事を享受できる国でも油を断つような偏った食事は困難です。

実は減量自体はさほど難しくありません。難しいのは減量した体重を維持すること。アメリカでは、地中海式ダイエットは、食べ過ぎなければ、ほぼ完璧な、理想に近い食のスタイルだという認識が定着しています。減量する場合も、オリーブオイルのような良質の脂肪をきちんと取り入れて豊かな食事をすることがたいせつ。減量にトライしたいと思っているなら、ぜひ取り入れたい考え方です。

67 主成分オレイン酸は、リノール酸やリノレン酸より ずっと酸化しにくい

オリーブオイルやコーンオイルなどの植物油、バターなどの動物性脂肪。毎日の食事でとっているさまざまな油脂、その油脂が酸化されやすいかどうか、これは健康を考えるうえでたいせつな問題です。どちらも生活習慣病の原因になってしまうからです。

オリーブオイルはもっとも酸化しにくいオイルです。これは主成分のオレイン酸が酸化しにくいことと、酸化を抑える抗酸化成分が豊富なため。その酸化されにくさは、リノール酸の12倍、リノレン酸の25倍です。

脂肪酸の種類

あらゆる油脂は脂肪酸の集まりです。脂肪酸には３つの種類があり、どの脂肪酸がどれだけ含まれているかによって、その油脂の性質が決まります。

飽和脂肪酸……パルミチン酸やステアリン酸など。バターやラードなど動物性脂肪に多く含まれている脂肪酸で、この脂肪酸が多いと室温で固体となります。「飽和」の意味は、酸素と結びつく余地がないということ。安定していて加熱しても酸化しませんが、摂りすぎると血液の粘度が増し、血管壁にへばりついて動脈硬化を招くおそれがあると言われています。

一価不飽和脂肪酸……オレイン酸。とくにオリーブオイルに多く含まれます。「一価不飽和」脂肪酸は、分子のつながり方に酸素と結びつきやすい箇所が１つあるという意味。バージンオイルの場合、抗酸化成分のビタミンＥやポリフェノールを含んでいて、脂肪酸の酸化をはばむため、さらに酸化しにくくなります。

多価不飽和脂肪酸……リノール酸やリノレン酸など。種子油の主成分。ほとんどの植物油に含まれています。「多価不飽和」脂肪酸は、分子のつながり

方に酸素と結びつきやすい箇所がいくつもあるという意味。リノール酸はオレイン酸の12倍、リノレン酸は25倍も酸化しやすい性質をもっています。種子油は精製で抗酸化成分を失っているので、酸化を防ぐ力がありません。

リノール酸は人間の体内で作れないため食事から摂り入れなければならない必須脂肪酸ですが、過剰に摂りすぎると脂肪の酸化も進むので、適度に摂らなければなりません。

食用オイルの脂肪酸組成

脂肪酸組成を比べると、オリーブオイルがもっともオレイン酸の比率が高いことがわかります。紅花油や綿実油は多価不飽和脂肪酸のリノール酸が主成分で、酸化しやすい性質を持っています。最近では品種改良が進んで、こうしたオイルの中にもオレイン酸の多い油が生まれています。この品種改良はオレイック加工とよばれます。

主な食用植物油の脂肪酸組成の表（日本食品標準成分表）

	飽和脂肪酸					不飽和脂肪酸					脂肪酸			
	14:0	16:0	18:0	20:0	22:0	16:1	18:1	20:1	18:2	18:3	総量	飽和	不飽和	
	ミリスチン酸	パルミチン酸	ステアリン酸	アラキシン酸	ベヘン酸	パルミトレン酸	オレイン酸	イコセン酸	リノール酸	リノレン酸	TFA	SFA	一価 MUFA	多価 PUFA
オリーブ油		9.9	3.2			0.7	75.0		10.4	0.8	94.0	12.3	71.2	10.5
ごま油		9.0	5.3	0.7	0.1	0.2	39.0	0.2	44.8	0.6	93.8	14.2	37.0	42.8
米ぬか油（米油）	0.2	16.4	1.7	0.6	0.2	0.2	42.0	0.5	36.6	1.4	90.9	17.6	38.8	34.5
サフラワー油（紅花油）		7.3	2.6				13.4		76.4	0.2	94.6	9.4	12.7	72.5
大豆油		10.3	3.8	0.3	0.4	0.1	24.3	0.1	52.7	7.9	94.6	14.0	23.2	57.4
コーンオイル		11.2	2.1				34.7		50.5	1.5	93.7	12.5	32.5	48.7
ひまわり油		6.7	3.7				19.0		69.9	0.7	94.2	9.8	17.9	66.5
綿実油	0.7	20.0	2.4	0.2	0.1	0.6	18.4	0.1	56.9	0.5	94.1	22.0	18.0	54.1
落花生油		11.4	4.0	1.7	3.7	0.1	41.5	1.1	34.9	0.2	97.4	21.7	41.5	34.2
調合サラダ油		5.9	2.3	0.4	0.3	0.1	48.5	1.0	31.2	9.9	94.4	8.4	47.2	38.8

『四訂　日本食品標準成分表』より

68 微量成分はどんな働きをするのですか？

微量成分は、その名の通りオリーブオイルに含まれている非常にわずかな量の成分のこと。オイルの色や風味、香りなどの個性を作り出し、またオイルの酸化を防ぎ、さらに健康に役立つさまざまな重要な働きをしています。

オリーブオイルは100g中98gに60～80種類の脂肪酸を含み、残りの１～２gの中に300種類以上の微量成分を含んでいます。

微量成分のうち、とくに抗酸化成分としてよく知られているのが、ビタミンA、βカロチン、クロロフィル、ビタミンE、ビタミンD、そしてポリフェノールなどです。ビタミンAはオイルの黄色い色素、クロロフィルは緑の色素、ポリフェノールは辛みや苦みのもとです。抗酸化成分はいずれも活性酸素を捕らえて酸化をくいとめる働きがあり、ビタミンEはポリフェノールとともにとると、さらに強力な抗酸化力を発揮します。

早摘みの若い果実から搾ったオイルは、抗酸化成分をはじめさまざまな成分を含んでいますが、完熟を過ぎた果実から搾ったオイルには抗酸化成分がやや少なくなります。またスウィートでマイルドなオイルより、スパイシーでペッパリーなオイルの方が抗酸化成分が多く、海沿いでとれるオイルより山地のオイルの方が、抗酸化成分が多いと言われます。最近の早摘みオイル、アーリーハーベストの人気、スパイシーなオイルの人気は、言い換えれば抗酸化成分が豊富なオイルの人気とも言えます。

抗酸化成分は180度以上加熱したり、精製をかけると失われますが、120度くらいまでなら破壊されずに、かなり安定して残っています。加熱調理すると、オリーブオイルの温度が高くなるにつれ、まず抗酸化成分が失われていき、すっかり抗酸化成分がなくなってしまうと、今度は脂肪酸の酸化が始まります。抗酸化成分がある間は脂肪酸の酸化がくい止められています。短時間の加熱調理ならオイルはそれほど酸化されないというのは、こういう理由からなのです。

第9章 オリーブオイルのテイスティングをしましょう

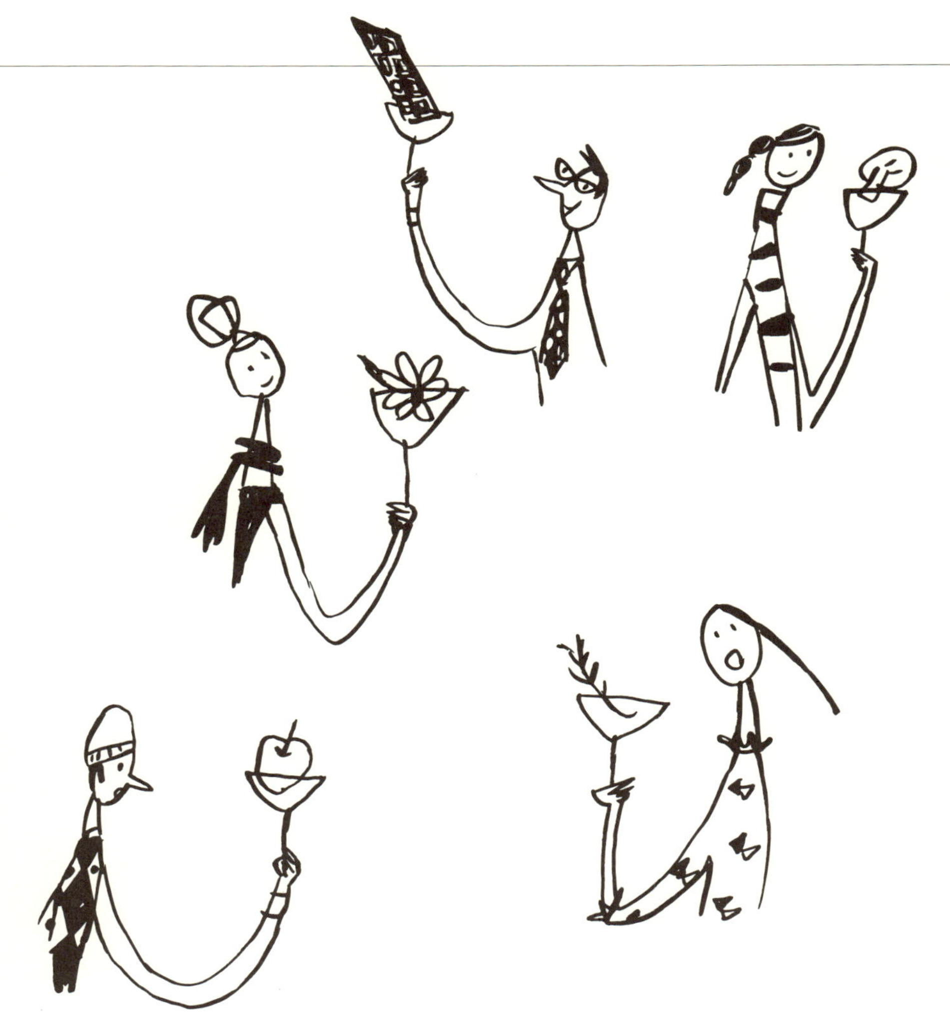

「テイスティング」というと難しそうに思う人もいるかもしれませんが、自分の鼻と舌で試してみるのが、一番手っ取り早く簡単に、オリーブオイルを理解する方法です。もともと人間の嗅覚は、たとえばガスクロマトグラフという分析器の100倍も敏感で、いまだにどんなに進歩した機械をもってしても追いつけないすぐれた感覚です。わたしたちは、自分の好きなオイルを見つけるためにちょうどいい、すばらしい鼻と舌を持っているのです。

オリーブオイルを手に入れたら、料理を作る前に、まず生のままスプーンでひと口、味見してみましょう。香辛料や肉や魚などといっしょではなく、オイルだけで味見してみる方が、オイルの風味がわかりやすいからです。またオイルだけで味見した時にオイルから受ける感じと、料理に使ってみて受ける感じとは少し違うということもわかります。オイルだけでは辛すぎると思うのに肉に合わせると料理が抜群に引き立つ、などということがわかったりします。

69 まずオリーブオイルをそろえるところから

さて、もしあなたが、オリーブオイルの風味の幅や奥行き、ひとつひとつの個性をよりはっきり感じ取ってみたいと思うなら、１本だけでテイスティングするより、できるだけ違うタイプのオリーブオイルを３本用意するとよいと思います。味覚を立体的に理解できます。本格的にやるなら、テイスティングシートも用意します。ノートに思いついたことを書き留めてもよいでしょう。後で読むと楽しいです。

テイスティング用オイルの揃え方

一度にテイスティングする本数は３本。プロの鑑定士も正式には一度に４本までしかテイスティングをしません。舌や鼻が利かなくなってしまうからです。風味の違いを楽しむにはもちろんエキストラバージンで。

テイスティング用にはまず250ml 程度の小瓶を買うのがおすすめ。テイスティングして気に入ったら、大きなボトルを買います。

最初のうちは、できるだけ見た目の違う、産地の離れた、違う品種のオイルを買うようにします。その方が違いがはっきりわかって面白いでしょう。遮光瓶で中が見えなければラベルをしっかり読みます。

70 テイスティングをやってみましょう

簡単なテイスティング

オイルをスプーンに１杯ずつ口に含んで味見します。フランスパンやリンゴのスライスを用意して、１種類テイスティングしたら、ひと口食べ、前のオイルの味が次のオイルに影響しないようにします。

フランスパンのスライスにオイルをつけて食べる方法もよいでしょう。パンがたっぷりオイルを含んで、風味がよくわかります。塩をかけたりせず、そのまま味わいます。これはオイル工場などでよくやっている方法です。

グラスとシートを用意して本格的に

テイスティンググラスとテイスティングシートを用意しましょう（テイスティングシートを204ページにつけました。拡大コピーして使用してください）。正式のテイスティンググラスは、ワイングラスから足を取ったような形の、口のすぼまった丸い濃い色のガラスコップです。色つきガラスなのはオイルの色を見て先入観を持たないため。口がすぼまっているのは、香りを中に溜めるため。

正式なテイスティンググラスは日本ではなかなか手に入らないので、形の似ているワイングラスで代用します。お菓子屋さんのプリンやムースが入った丸いガラス容器もテイスティンググラスにそっくりなので代用できます。ともかく同じ形のコップが、オイルの数だけあるのが理想です。

テイスティングのやりかた

① テイスティンググラスにオイルを15ml ほど注ぎます。

② グラスを手のひらにのせ、もう片方の手で蓋をしたまま、グラスを傾け

て、中のオイルがグラスの壁一面を濡らすようにしばらく回します。これはオイルを手のぬくもりで温め、また空気に触れる面積をできるだけ大きくして、香りが立つようにするためです（正式には時計皿で蓋をして、28度程度に温めるスチーマーにセットします。28度がオイルの香りがもっともよく感じとれるとされます）。
③ まず嗅覚で確かめます。手の蓋をはずして鼻を近づけ、ゆったりと深く息を吸います。どんな香りがしますか。イマジネーションを働かせて、オイルの香りを記憶にとどめましょう。青い草の香り、トマトのような香り、パッションフルーツの香り、といった具合。
④ 次に味覚です。オリーブオイルをごく少量（だいたい3mlが目安）口に含みます。生のオリーブオイルは辛いものも多いので、たくさん口に含むとむせてしまいます。しっかり甘みや酸味、苦みを味わいます。昔は、舌の先や側面など、部位によって感じ取れる味覚が違うというのが定説でしたが、今は舌のどの部分でもすべての味覚を感じるという見解が主流です。
⑤ 鼻から抜ける嗅覚を確かめます。オイルを口に含んだまま、口を軽く閉じるか閉じないかの状態で、歯のすき間から、短く連続して空気を吸い込み、オイルに空気を触れさせます。シ、シ、シーと音がしますが、お気になさらずに。オイルに触れた空気をそのまま鼻腔の奥に抜くようにして、オイルの芳香成分を感じます。
⑥ 次にオイルを飲んで喉ごしを確かめます。辛みを感じるのは喉の部分。辛みは舌の味覚でなく、喉で感じる触覚だと言われています。飲み込むときに辛すぎて咳き込まないように、ゆっくりと。
⑦ あなたの印象をテイスティングシートに書き込んでください。感じたことをコメントにして書いておきましょう。「華やかな花の香り。まろやかなアーモンドのような風味。後味にかすかな辛み」のように。言葉にすると印象がはっきりします。
⑧ 次のオイルのテイスティングをする前に、パンかリンゴをひと口食べて口直し。そして次のオイルに取りかかります。

テイスティングのコツ

テイスティングのコツは、先入観に捕らわれず、自分の感覚をたいせつにすること。プロの鑑定士たちは、午前中、食事の前にテイティングします。この時間が嗅覚、味覚の感受性がもっとも高いと言われます。お腹がいっぱいになってしまうとどうしても感受性が鈍くなります。

テイスティングをして、あなたが「青々したリンゴの香り」を感じているのに、別の人が「アーモンドのような味で、かすかにキノコの匂い」を感じると言ったとしても、気にしないでください。プロの鑑定士たちの意見でも、完全に一致しないことの方が多いですし、その日の体調や気分でも、感じ方は変わるものです。たいせつなのは自分がどう感じるか。自分好みのおいしいオイルを探すための、ゲームです。

草の匂い、青いトマトのような香り、リンゴ、バナナ、アーティチョークなどは、新鮮なオリーブオイルにはよくある香りです。わたしはオリーブオイルには花の香りがするものがあると聞き、いつもその香りを探しているのですが、なかなか出会いません。が、あるとき、テイスティングをしていると、本当に今、花のつぼみが開いたかのようなオイルに出会いました。みなさんも、どうぞご自分の大好きなオイルを探してください。

71 テイスティングシートの記入のしかた

ここに鑑定士たちがテイスティングに使うオリーブオイルのテイスティングシートの見本を載せました。もともとはイタリア語でしたが、わかりやすいように日本語にしました。シート上にはオイルのネガティブな属性を、下にはポジティブな属性を０から９まで10段階で記入するようになっています。そしていちばん下にオイルの評価を１から９までで採点します。

バージンオリーブオイル・テイスティングシート

■ネガティブな属性の程度

0　3　6　9

《発酵した果実の腐敗臭》《澱の腐敗臭》＊

《カビ臭さ／湿っぽい匂い》《泥臭さ》＊

《ワイン臭》《ヴィネガー臭》＊

《酸っぱい匂い》

《霜害を受けた果実の匂い》

《酸敗臭》

その他（どれか１つにチェック）

メタリックな □　乾燥した □　虫害 □　粗い □　塩気のある □　焦げ臭い □

植物水 □　マット臭 □　きゅうりのような □　グリースのような □

コメント

■ポジティブな属性の程度

0　3　6　9

《フルーティーさ》（嗅覚と味覚）

青々とした ☑　完熟の □

《苦み》（味覚）

《辛み》（触覚）

《草・葉のような》

《アーモンドのような》

《アーティチョークのような》

《トマトのような》

《ベリーのような》

その他の好ましい特徴（　　　　　）

鑑定士氏名：奥田佳奈子　　評点 8.5

サンプル番号：No6.

日　付：2016-12-6　　サイン：Kanako Okuda

コメント：フルーティでバランスが良い.

＊このオリーブオイルは2015年に収穫されたコラティーナ種とノッチョラ種をブレンドした早摘みの、いわゆるアーリーハーベストでしたが、抗酸化成分を豊富に含み、テイスティングした2016年になってもフレッシュさを維持していたすばらしいオイルでした。

バージンオリーブオイル・テイスティングシート

■ネガティブな属性の程度

0　3　6　9

《発酵した果実の腐敗臭》《澱の腐敗臭》＊

《カビ臭さ／湿っぽい匂い》《泥臭さ》＊

《ワイン臭》《ヴィネガー臭》＊

《酸っぱい匂い》

《霜害を受けた果実の匂い》

《酸敗臭》

その他（どれか1つにチェック）

メタリックな □　乾燥した □　虫害 □　粗い □　塩気のある □　焦げ臭い □

植物水 □　マット臭 □　きゅうりのような □　グリースのような □

コメント

■ポジティブな属性の程度

0　3　6　9

《フルーティーさ》（嗅覚と味覚）

青々とした □　完熟の □

《苦み》（味覚）

《辛み》（触覚）

《草・葉のような》

《アーモンドのような》

《アーティチョークのような》

《トマトのような》

《ベリーのような》

その他の好ましい特徴（　　　　　　）

評点 □

鑑定士氏名：

サンプル番号：

日　　付：

サイン：

コメント：

＊はどちらか不要な方を消す。

■ネガティブな属性の程度

オリーブにありがちな欠点が左側に列挙されています。日本に輸入されてくるオリーブオイルはエキストラバージンとして製品化されたものがほとんどなので、このような欠点に遭遇することはめったにありませんが、産地で搾ったばかりのバージンオイルにはさまざまなコンディションのものがあります。右側は実物大では10cmのスケールになっていて、１cm刻みに０から９までが想定されていると考えてください。評価は0.5刻み。

エキストラバージンは欠点が０でなければなりません。

バージンオイルは欠点が3.5以下。

オーディナリーは3.5を超え6.0以下。

６を超えるとランパンテです。

《発酵した果実の腐敗臭》……収穫したまま放置され発酵した果実から採れたオイルの腐敗臭

《澱の腐敗臭》……オイルの底に沈殿した澱の腐敗臭

《カビ臭さ／湿っぽい匂い》……湿気のあるところでカビの生えた果実から採れたオイルの匂い

《泥臭さ》……よごれた果実の泥の匂い

《ワイン臭》……ワインを想像させる特有の匂い。芳香成分の中に通常量以上のエタノールが形成されたため

《ヴィネガー臭》……酸味を感じさせる匂い。芳香成分の中に通常量以上の酢酸や酢酸エチルが形成されたため

《酸っぱい匂い》……ペーストから酢酸が形成されたため

《霜害を受けた果実の匂い》……収穫が遅くなり霜にあたって凍ってしまった果実の匂い

《酸敗臭》……酸化したオイルに共通する、むかつくような匂い。この匂いはすべてのオイルに共通する不快な匂いで、いったん酸化したオイルの匂いは消すことができない

その他のネガティブな特性
《金属臭い》……金属を思わせる匂い。圧搾、攪拌、貯蔵の工程で、望ましくない状態で長い間金属と触れていたオイル特有のもの
《虫害による》……オリーブミバエの害を受けた果実の匂い
《粗い》……口の中でどろっとしたペースト状の触感をもたらす一部のオイル特有の感じ
《焦げ臭い》……果実のペーストを攪拌する際、高温加熱しすぎたオイルの匂い
《スパルト臭》……圧搾時に汚れたスパルト藁のマットを使ったためについた匂い

■ポジティブな属性の程度

次に嗅覚・味覚・触覚の3つの感覚を使って、オリーブオイルのポジティブな特徴をみます。フルーティー＝嗅覚と味覚、苦み＝味覚、辛み＝喉で感じる触覚です。それぞれの強さの程度を0から9まで10段階で評価し、強（Intense)、中（Medium)、弱（Light）に分類します。
《フルーティーさ》……果実から搾られたオイルとして一番大事な項目です。嗅覚で感じられるフルーティーさの程度を10段階で選び、それが青々した果実を思わせるか、よく熟した果実を思わせるかを選びます。フルーティーさが0の場合はエキストラバージンにはなりません
《苦み》……オイルを口に含んで感じられる苦みの程度です。タンニンなどポリフェノールから感じられます。苦みは果実由来なので欠点ではありません
《辛み》……辛みは喉をオイルが通るときに感じる触覚と言われます。オイルを飲み込むとき、喉に触れて咳き込んでしまう、あの辛さです。辛みも果実由来で欠点ではありません

苦みと辛みの程度がそれぞれ2以下の場合、ドルチェ、マイルド、と言います。また、フルーティーさより苦み、辛みが2ポイント高いオリーブオイルをバランスがよいと言います。

《草・葉のような》《アーモンドのような》《アーティチョークのような》《トマトのような》《ベリーのような》……これらは、おもにフルーティーさの中身について表現するものです。鼻で感じる嗅覚と、口に含んで鼻の奥から感じられる嗅覚、そして味覚で感じる特徴です

《その他のポジティブな特徴》……上に挙げた以外にも感じる特徴があれば記入します。バナナ、りんご、チョコレート、カカオ、花などがよく表現される特徴です。思いつく要素を記入します

最後に、このオリーブオイルを１から９までの間で採点して右下に記入します。

サンプル番号や日付のほか、特記すべき感想があればそれも記入します。

72 オリーブ・インフォメーション

「オリーブオイルがここまで世界に広がったのは、たかだか30年のことだよ」と、イタリアでオリーブオイルをつくっている知人が、言いました。長い歴史を持つオリーブオイルですが、たしかにそれ以前は、地中海沿岸のすばらしい食文化のひとつだったかもしれません。この30年は同時に情報伝達のスピードがすばらしく速くなった時代でもあります。人々を魅了するニュースは一瞬で世界をかけまわります。それが世界中にオリーブオイルの熱狂を広げたのかもしれません。ニューヨークで開かれる大規模なオリーブオイルコンテストのニュースも、今では、web サイトの上で、世界中の人々と共有されています。今年は、どのオイルが金賞を受賞したのかも。あなたがアクセスできる情報はとてもたくさんあります。

オリーブオイルの産業を保護育成する国際団体

IOC インターナショナル・オリーブ・カウンシル（International Olive Council）

オリーブオイルに関する国連の機関。1959年国際オリーブオイル協会（International Olive Oil Council）として設立。2006年にIOCと名称を変更した。オリーブに関するさまざまな規定を設ける政府間機関で各種プロモーションも積極的に行っている。本部スペインマドリード。

www.internationaloliveoil.org/

オリーブに関する情報を発信するウェブサイト

オリーブオイルタイムス（Olive Oil Times）

ニューヨークのインターナショナル・クリナリーセンター International Culinary Center が運営するオリーブオイルの情報を発信する web サイト。同センターはオリーブソムリエを育成する研修機関でもあり、セミナーには世界から参加者が集まっています。

主催するNYIOOCニューヨーク国際オリーブオイルコンペティションは世界最大規模といわれ、オンラインショップもある。
https://www.oliveoiltimes.com/

世界のオリーブオイルのガイドブック

“FLOS OLEI 2016 Guida al Mondo dell’extravergine”

マルコ・オレッジャ Marco Oreggiaが毎年発行する世界のオリーブオイルを網羅したブランドガイドブック。世界45カ国以上からエントリーされたオイルを25名の審査員が審査。オリーブオイルのジャンル別に、クオリティに影響を与える栽培、収穫、製造過程、保存などすべての要素を調査し、点数化して評価。95点以上はトップファームとして掲載。品種やブレンド割合など詳細なデータが掲載されるが、80点以下の生産者は掲載不可。小豆島のオイルメーカーも掲載されている。主観の分かれる味を点数化せず、データに基づいて評価するところが特徴。
www.marco-oreggia.com/pdf/flosolei_schedelibreria_2016.pdf

Guida Agli Extravergini 2016　SLOW FOOD EDITORE

各地に根付く伝統的な食文化や食品を守る世界的なムーブメントであるSLOW FOOD。
イタリアに本部を置くスローフード協会が、毎年発行するワインガイド、オステリアガイドなどと並んで発行されるオリーブオイルのガイドブック。大量生産でない、人の手で品質が守られているメーカーのオイルが選ばれる。2016年は745のメーカー、1075種類のオイルを掲載。
www.slowfood.it/slowwine/assets/2016/03/Schermata-2016-03-31-alle-11.12.50.png)L’introduzione della guida 2016

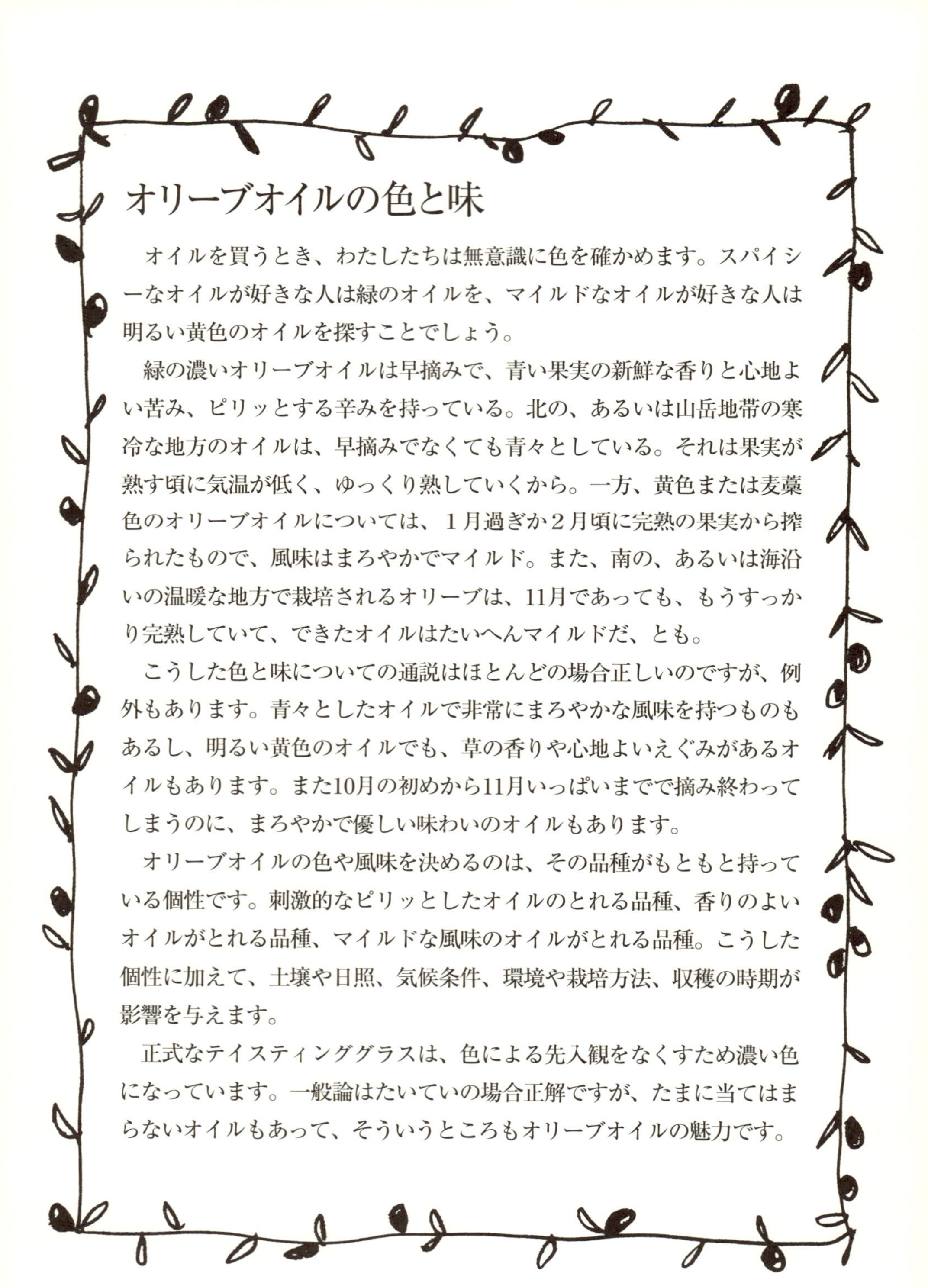

オリーブオイルの色と味

オイルを買うとき、わたしたちは無意識に色を確かめます。スパイシーなオイルが好きな人は緑のオイルを、マイルドなオイルが好きな人は明るい黄色のオイルを探すことでしょう。

緑の濃いオリーブオイルは早摘みで、青い果実の新鮮な香りと心地よい苦み、ピリッとする辛みを持っている。北の、あるいは山岳地帯の寒冷な地方のオイルは、早摘みでなくても青々としている。それは果実が熟す頃に気温が低く、ゆっくり熟していくから。一方、黄色または麦藁色のオリーブオイルについては、１月過ぎか２月頃に完熟の果実から搾られたもので、風味はまろやかでマイルド。また、南の、あるいは海沿いの温暖な地方で栽培されるオリーブは、11月であっても、もうすっかり完熟していて、できたオイルはたいへんマイルドだ、とも。

こうした色と味についての通説はほとんどの場合正しいのですが、例外もあります。青々としたオイルで非常にまろやかな風味を持つものもあるし、明るい黄色のオイルでも、草の香りや心地よいえぐみがあるオイルもあります。また10月の初めから11月いっぱいまでで摘み終わってしまうのに、まろやかで優しい味わいのオイルもあります。

オリーブオイルの色や風味を決めるのは、その品種がもともと持っている個性です。刺激的なピリッとしたオイルのとれる品種、香りのよいオイルがとれる品種、マイルドな風味のオイルがとれる品種。こうした個性に加えて、土壌や日照、気候条件、環境や栽培方法、収穫の時期が影響を与えます。

正式なテイスティンググラスは、色による先入観をなくすため濃い色になっています。一般論はたいていの場合正解ですが、たまに当てはまらないオイルもあって、そういうところもオリーブオイルの魅力です。

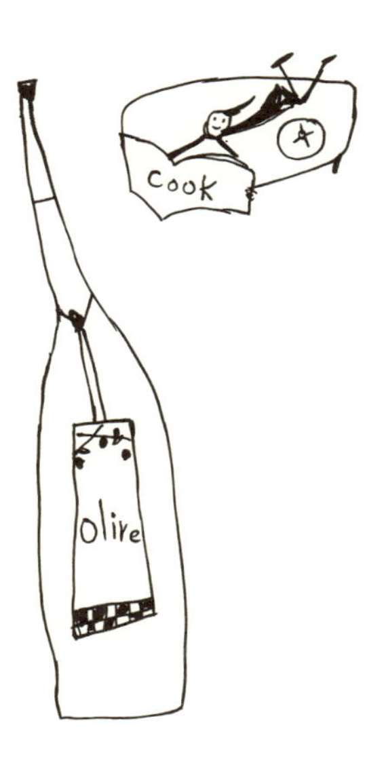
cook
olive

おもなオリーブオイルの
輸入会社と国内のメーカー

■この情報は2017年８月現在、会社名、電話番号、URL またはメールアドレスの順です（編集部編）。

■輸入会社

有限会社アイ・エス・インターナショナル　☎04-7173-1662
株式会社アーク　☎03-5643-6444　www.ark-co.jp
株式会社アクアメール　☎04-6877-5051　www.aquamer.jp
株式会社アステイオン・トレーディング　☎03-3780-5561　oliveolive.jimdo.com
株式会社アマテラス・イタリア　☎03-5772-8338　amaterras.juno.weblife.me
株式会社アルカン　☎03-3664-6551　www.arcane.co.jp
石光商事株式会社　☎078-861-7791　www.ishimitsu.co.jp
株式会社イタリアンフーズ　☎03-3326-3011　www.smts.jp/italian.html
稲垣商店　☎03-3462-6676　www.inagakishoten.com
株式会社イルビアンコ　☎045-777-0045　info@ilbianco.com
有限会社イル・ピッコロ・オリベート　☎047-433-3660　www.piccolo-oliveto.com
株式会社ヴィボン　☎03-5468-7330　www.viebon.com
株式会社ウエルダ　☎04-2942-9830　www.werda.jp
エフ・エルジャパン株式会社　☎055-976-5551　www.fl-network.com
オリエントコマース株式会社　☎03-3639-1216　www.orientcommerce.jp
カーサ ブォーナ　☎03-6277-8109　shopmaster@casabuona.jp
カンチェーミ・コーポレーション株式会社　☎03-6269-3080　www.olivo.co.jp
クオリティライフ株式会社　☎07-3945-1005　www.qualitylife.co.jp
桜井食品株式会社　☎0120-668-637　www.sakuraifoods.com
株式会社サス　☎03-3552-5223　shop.spainclub.jp
サントリーウエルネス株式会社　☎0120-857-310　www.suntory-kenko.com
サンヨーエンタープライズ株式会社　☎078-302-5641　info@sanyo-ep.jp
讃陽食品工業株式会社　☎0120-525-340　www.so-food.com
シイ・アイ・オージャパン株式会社　☎03-5722-9231　www.ciojapan.co.jp
株式会社松栄パック スペイン文化事業部　☎03-3662-2795
昭産商事株式会社　☎03-3579-7272　www.shosan.co.jp
白井松新薬株式会社　☎03-5159-5700　www.shiraimatsu.com
株式会社成城石井　☎0120-141-565　www.seijoishii.co.jp
株式会社高尾農園　☎050-3673-9320　www.takao-olives.com
株式会社チェリーテラス　☎03-3770-8728　www.cherryterrace.co.jp
地中海フーズ株式会社　☎03-6441-2522　www.chichukaifoods.com
株式会社ディーエイチシー　☎0120-333-906　www.dhc.co.jp
株式会社デドゥー　☎044-922-0901　www.dedoux.co.jp

日欧商事株式会社　☎03-5730-0311　www.jetle.co.jp
日仏貿易株式会社　☎03-5510-2662　www.nbkk.co.jp
日本製麻株式会社ボルカノ食品事業部　☎078-332-8252　www.nihonseima.co.jp
株式会社ノンナ アンド シディ　☎03-5458-0507　www.nonnaandsidhishop.com
有限会社パセオ　☎03-6429-8585
株式会社フードライナー　☎07-8858-2043　www.foodliner.co.jp
有限会社ペスカ　☎0463-93-6005　www.pesuca.co.jp
三菱商事株式会社　☎03-3210-7475　www.mitsubishicorp.com
株式会社ミトク　☎0120-744-441　www.31095.jp
有限会社ミレニアムマーケティング（オリオテーカ）　☎03-5930-0630　www.vino-e-olio.net
明治屋株式会社　☎03-3271-1111　www.meidi-ya.co.jp
薬糧開発株式会社（ビオクル）　☎0120-770-250　shopmaster@biocle.jp
ユーキトレーディング株式会社　☎03-5466-8760　www.youkitrading.co.jp
豊産業株式会社　☎045-453-2323　www.yutaka-trd.co.jp

■国内メーカー
株式会社アライオリーブ　☎0879-82-0733　www.araiolive.co.jp
株式会社オリーブ園　☎0120-410-287　www.1st-olive.com/smp
キッコーマン株式会社　☎0120-120-358　www.kikkoman.co.jp
J-オイルミルズ　☎03-5148-7100　www.j-oil.com
東洋オリーブ株式会社　☎0120-750-271　www.toyo-olive.com
日清オイリオグループ株式会社　☎0120-016-024　www.nisshin-oillio.com
日本オリーブ株式会社　☎0869-34-9111　www.nippon-olive.co.jp
日本製粉株式会社　☎0120-184-157　www.nippn.co.jp

参考文献

『油脂化学の知識』原田一郎　幸書房
『世界のオリーブオイル百科』ジュディ・リッジウェイ　寺沢恵美子訳　小学館
『オリーヴの本』ベルナール・ジャコト　小林淳夫訳　河出書房新社
『オリーヴ讃歌』モート・ローゼンブラム　市川恵里訳　河出書房新社
『エキストラバージンの嘘と真実』トム・ミューラー　実川元子訳　日経ＢＰ社
『ベジタブル・オイルの本』ティータイム・ブックス編集部編　晶文社
『香川のオリーブ』香川県農林水産部編　笠井宣弘監修　香川県農林水産部
『オリーブオイルの品質・オリーブオイルの実際』笠井宣弘・馬場裕
『オーガニック認証機関の設立と運営 IFOAM 公式マニュアル』環境保全型生産基準委員会
『オリーブオイル・ガイドブック』長友姫世　新潮社
『マホメット』藤本勝次　中公新書
『コーラン』上中下　井筒俊彦訳　岩波文庫
『アピーキウス　古代ローマの料理書』アピーキウス　ミュラ・ヨコタ・宣子訳　三省堂
『キリスト教美術シンボル事典』ジェニファー・スピーク　中山理訳　大修館書店
『シーザーの晩餐』塚田孝雄　朝日文庫
『古代ローマの饗宴』エウジェニア・サルツァ・プリーナ・リコッティ　武谷なおみ訳　平凡社
『ギリシア・ローマ歴史地図』リチャード・J. A.タルバート編　野中夏実／小田謙爾訳　原書房
『世界樹木神話』ジャック・ブロス　藤井史郎／藤田尊潮／善本孝訳　八坂書房
『世界食物百科　起源・歴史・文化・料理・シンボル』マグロンヌ・トゥーサン＝サマ　玉村豊男監訳　原書房
『南仏プロヴァンスの12か月』ピーター・メイル　池央耿訳　河出文庫

Aceite de Oliva, Jose Carlos Capel, El Pais S. A., 1992.
Sapoli d'Italia Olio Extra Vergine, Idea Libri s. r. l., 1999.
Olivicoltura Intensiva Meccanizzata, Guiseppe Fontanazza, Edagricole s. r. l., 1998.
Características Organolepticas y Analisis sensorial del Aceite de Oliva, Junta de Andalucia Consejeria Agricultura y Pesca 10/93 Apuntes.
Nueva Olivicultura, Andrés Guerrero García, Ediciones Mundi-Prensa.
L'olio di Oliva dal mito alla scienza, Antonio Capurso & Sara de Fano, CIC Edizioni Internazionali, 1998.
Horto Fruticultura, 1994 vol. 10, Ottobre, Agricultura Ecológica.
Newsletter from Spain The Home of Olive Oil, September 1997, ASOLIVA ICEX.
The Olive Oil Diet, Simon Poole & Judy Ridgway, Robionson, 2016.
Valutazione Sensoriale dei Prodotti : metodologia e applicabilità Massimiliano Magli, *Consiglio Nazionale delle Ricerche Istituto di Biometeorologia*, 2016.
International Olive Council, COL/T. 20/DOC. No. 2~6, 14, Rev. 1, 2007.

あとがき

日本では、オリーブオイルを輸入するばかりでなく、国産のオリーブオイルを楽しむことのできる時代がすぐそこまで来ているようです。小豆島をはじめすでにオリーブの栽培を成功させている地域はもちろん、全国に新しく栽培に取り組む生産者が出てきています。その勢いのすばらしいこと。これからは収穫祭に参加したり、産地でなければ手に入れられない搾りたてのオイルも日本にいながらにして楽しめるようになるかもしれません。これから、オリーブオイルはさらに一段と深く日本の食文化に定着することでしょう。そんなタイミングでこの本を新たにまとめることができたのは、たいへんうれしいことです。

最初の本『オリーブオイルのすべてがわかる本』を書いたときに、どんな質問にもていねいに答えてくださった笠井宣弘先生やヴィボンの酒井幸一会長、イタリア貿易振興会のFulciご夫妻ももうおいでになりません。さびしいことですが、今も深く感謝しております。また、この本には引き続きオリーブ研究の第一人者Judy Ridgwayが親身なアドバイスをしてくれ、オリーブオイル鑑定士を育成するASSAMのディレクターBarbara Alfeiたち、搾油方法を詳しく見せてくれたPieralisiのFabio GinesiとDenis Animali、そしてすべてに協力を惜しまないでくれるイタリアの友人FrancaとRoland Spadini, Alessia Berucci、Stefania Krusiたちに感謝します。また澤口知之さん、久保香菜子さんのほか、新たなレシピをご提供いただいた高森敏明さん、眞中秀幸さんにもお礼を申し上げます。この本を新しい形に整えてくれた編集の大山悦子さん、装丁の近江真佐彦さん、新しいイラストを描いてくださったミヤギユカリさん、柿崎こうこさん、その他大勢の方にも心からお礼を申し上げます。

デザイン
近江デザイン事務所

イラスト
ミヤギユカリ

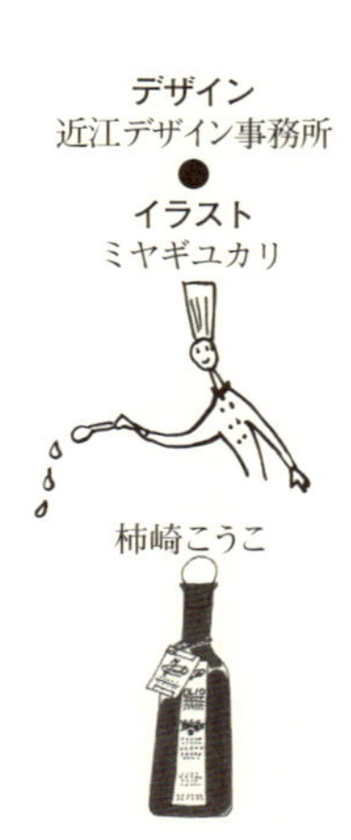

柿崎こうこ

奥田佳奈子
おくだ・かなこ
東京生まれ。長年にわたり記者・編集者として、
イタリアやスペインを中心にヨーロッパの食と
その背景にある文化について取材し、
新聞・雑誌に多くのエッセーや連載を発表。
食のイベント企画や料理セミナーの講師も務める。
その一方、大手通販会社の役員としてPR媒体を運営し、
ワインの輸入等にも携わる。
「外国人ジャーナリストのためのオリーブオイル講座」修了。
2003年O.N.A.O.O(ナショナルオリーブオイル鑑定士協会)より
オリーブオイル鑑定士(イタリア)資格取得、
2016年オリーブオイル鑑定士フィジカル適性能力証明取得。
イタリアのトリノ司厨士協会より「ペレット・ドーロ(金の帽子賞)」授与。
グランレガロ代表。

新オリーブオイルのすべてがわかる本

2017年10月25日　第1刷発行

著　者　奥田佳奈子
発行者　山野浩一
発行所　株式会社筑摩書房
　　　　東京都台東区蔵前2-5-3　〒111-8755
　　　　振替00160-8-4123
印　刷　錦明印刷
製　本　積信堂

ISBN978-4-480-87894-6 C0077

乱丁・落丁本はご面倒ですが、下記宛にご送付ください。
送料小社負担にてお取り替えいたします。
ご注文、お問い合わせも下記へお願いいたします。
筑摩書房サービスセンター
〒331-8507　さいたま市北区櫛引町2-604
電話048-651-0053